纺织印染实用技术类丛书

现代化棉纺织生产技术的发展

XIANDAIHUA MIANFANGZHI SHENGCHAN JISHU DE FAZHAN

主　编　秦贞俊
副主编　朱纯平

東華大學出版社

内容提要

“十二五”期间，我国纺织工业的科技进步将重点围绕加大关键技术的攻关力度、大规模地推广应用先进工艺技术和设备、完善科技创新体系及加快纺织科技人才队伍建设等方面，使行业的研发创新能力显著提高，以提高生产效率及产品附加值。本书详细列举了我国棉纺织企业在技术进步的各个方面与国外先进水平之间的差距，指出棉纺织设备、器材、专件、测试与控制、厂房选用与建设、空调与除尘、照明、职工素质及科学化管理等方面存在的问题；对照国外先进水平及要把我国从一个纺织大国建设成世界上的纺织强国的目标，我们必须以“十二五”计划为奋斗指南，把握世界棉纺织技术的发展趋势，加强基础理论研究，组织前沿技术攻关，踏踏实实地工作，这样才能完成把我国建设成为纺织强国的艰巨任务。本书可供棉纺织科技人员及管理人员在新建棉纺织厂或老厂改造工作中参考。

梁业诚、王槐、孙蕴琳、孙霞等高级工程师及冯立林研究员参与者了本书的编写

本书得到崔桂生、戴步忠、林源杰、刘招明、王硕晨等领导的支持

特此致谢！

目 录

总　论

一、机遇和挑战

我国纺织工业在“十二五”期间的发展面临着国内外难得的机遇，同时也存在不少的困难和问题，但总的目标是要在“十二五”期间把我国建成纺织强国。在把我国建成纺织强国的工作中，重点要做好以下方面的工作：使棉纺织工业能以工艺、技术、装备为主体，提高发展速度，加快新产品、新器材、新设备的研发速度，抢占棉纺织技术的高地，使我国成为能与世界纺织强国竞争的纺织大国及强国。

1. 以技术装备水平的提高来促进我国纺织产品加工水平的提升。我国棉纺织工业在自动化、连续化、高速化方面有了较大的进步，生产效率及产品质量得到提高。2009 年我国棉纺织行业的精梳纱、无结头纱、无梭布所占比例分别达到 27.8%、65.4%、68.3%。

2. 纺织加工新技术的推广与应用推动了高档纱线及织物的发展。近年来我国发展了紧密纺、高档转杯纺及其他新型纺纱，使我国的新型纺纱及织物更加丰富多彩。目前我国的紧密纺已有 443 万锭，新型纺纱也有较大发展，仅喷气、喷涡流纺已有 5.9 万头。

3. 2010 年国产纺机的国内市场占有率已超过 70%，国产细纱机、粗纱机等纺机产品在国内市场的占有率已达 90%，中、高档剑杆织机的占有率已达 60%，自动络筒机超过 25%，纺机出口量也在持续扩大。

4. 面对要达到世界纺织强国的要求，我们的任务是很艰巨的：行业的自主创新能力相对很薄弱，我国自主开发和设计能力仍不足，自主研发和生产的纺织机械在电子信息应用、自动化和智能化等方面以及整机的可靠性、稳定性上有待提高，高新技术改造提升纺织生产水平的研究和创新能力上有待加强；我国棉纺织行业容量很大，企业间的装备、技术差异很大，大量中小型企业的技术装备与国际先进水平差距很大，改造难度极大，许多基础性研究急待加强；先进工艺技术需在全行业加快应用，如无梭织机、自动络筒机等先进技术在全行业的占有率不到 60%，细络联、粗细联等尚未进入大规模使用；国产无梭织机的运转速度比国外先进织机的速度低得多；对纺织产品的质量监测也要继续完善与加强；我国国产的纺织机械专件及器材的质量与国外也有较大差距，等等。总的说来，我国棉纺织生产技术及装备大部分还处在 20 世纪 80 年代及以前的水平，要在“十二五”期间年成为世界纺织强国，难度是很大的。这就要求我们急起直追，才能完成由纺织大国成为纺织强国的艰巨任务。

二、“十二五”期间的任务

1. 推广应用清梳联并使国产化率达到 85%。开清棉机及梳棉机要推广应用模块化技术，提高梳棉机的梳理能力，分转杯纺及精梳环锭纺供应生条；发展高档精梳纱要与转杯纺相结合，精梳纱的份额要在“十一五”末 30%的基础上进一步提高。能生产精梳环锭纱的企业也应配备一定数量的转杯纺纱机，可配用精梳落棉生产转杯纱，以达到节约用长绒棉的目的。要推广应用新型高速并条机的开环式自调匀整及粗节监控等技术；粗纱机要大力推广四单元传动四罗拉双短皮圈三区牵伸技术及全自动或半自动落纱技术；大力发展棉纺环锭细纱紧密纺，加快扩大棉纺环锭细纱机的紧密纺锭数。到2015年，无结头纱的比重要达到75%，全自动转杯纺纱机及其他新型纺纱机要进行国产化，研发并扩大新型纺纱的市场；国产自动络筒机要进一步提高清纱性能、防叠性能，要实现无结头痕接头，推广应用光电式数码电子清纱器，提高清除异纤的能力；解决好细络联、粗细联等系统的自动控制的稳定性问题，市场占有率由10%提高到30%，粗细联合机今后每年还要对外销售80台(套)。要在“十二五”期间继续提高浆整的技术水平，为我国高速无梭织机的运转配套。此外要研发我国自动穿经、自动接经技术，推广应用高档机电一体化喷气织机及剑杆织机，高档无梭织机自主化率2015年要达到25%～35%；推广应用生产毛巾及提花织物的无梭织机；加快以剑杆织机取代普通有梭织机的进程，扩大我国无梭织机的应用范围；推广应用离线自动验布技术，提高无梭织机织造工程的自动化水平。其他像电脑横机、经编机等针织设备的国产化率2015年要达到60%。

2. 加快国产化纺织设备更新换代的研发速度。国外纺织机械早已从1999年巴黎ITMA基础上研发出2007年慕尼黑ITMA的新型纺织机械并投放市场，我国却还停留在1999年巴黎ITMA及以前的工艺技术及设备的水平上，而且2011年9月下旬的巴塞罗纳ITMA又推出更新的纺织机械。新技术、新工艺及新装备将不断涌现，要使我国能早日成为世界纺织强国，必须努力赶超国际先进水平。只有迎头赶超才能真正实现世界纺织强国的宏伟目标。

3. 在“十二五”期间要继续努力研发棉纺织工程的自动化、数字化、智能化、信息化纺织生产技术装备。从纺织品及服装设计到工艺、生产、设备、测试、评估及销售网络体系的全过程，都要实现电子技术产业化、信息化的联接，形成纺织生产电子计算机技术的网络。

4. 纺织信息化技术的应用及改造是提升我国纺织工业水平的重要途径，要着眼于棉纺织厂、针织厂的纺织信息化技术的推广和应用。在重点大中型棉纺织企业推广应用工业化生产管理电子技术，并与企业的其他管理信息系统(如原材料采购及销售信息)实现集成联网。到2015年中小型企业的管理信息平台要达到10 000家。

5. 大力提高纺织器材及专件制造水平是提高我国棉纺织机械制造水平的关键。要像江苏同和纺机、浙江锦峰等公司那样，敢于创新、赶超国际先进水平，把产品带出国门，参与国际先进水平的竞争，从竞争中得到不断提高。我国有不少生产纺织器材、纺织专件的企业都在各自的产品研发上做出了很大的贡献，如浙江锦峰、江苏同和纺机、华芳科技、无锡二橡胶、南通金轮、无锡纺器、河南白沙、河南二纺机、山东日照、常德纺机、衡阳纺机、重庆纺器等，分别在纺器及纺织专件上有着重要的发展与提高。

6. 加快对国内一些棉纺织厂进行技术改造，提升其生产设备的水平及产品质量水平，以提高参与国际市场的竞争力。我国的生产工艺及设备要瞄准2007慕尼黑ITMA及2011巴塞罗纳ITMA的水平进行技术改造及新建工厂，要把好新建棉纺织厂的厂房、设备选型及配套关，使新建棉纺织厂在生产效率、用工、产品质量、产品档次、能耗及环保等方面都能列入国际先进行列。

7. 在新厂建设及老厂改造中，要高度重视配备与应用高科技的离线测试仪器管理生产，把好产品质量关，这是我国棉纺织企业提升水平，由纺织大国走向纺织强国的重要环节。

第一章

现代纺纱设备技术的新发展

从2011年巴塞罗纳ITMA及2007慕尼黑ITMA、上海2010 Asia ITMA上可以看出，自1999巴黎ITMA以来，国内外纺织生产技术在原有的基础上又有了很大的发展，棉纺织设备的技术进步很快，表现在生产效率提高、质量控制好、环保技术的发展、信息技术的发展及资源循环利用技术等六个方面。本书对棉纺织设备的技术进步及其对提高生产效率的影响进行专门讨论，供企业技术改造参考。

第一节　渐增柔和的开清棉机组是超短流程开清棉技术的特征

以德国特吕茨勒公司的开清棉流程为例，以往(1999巴黎ITMA)该公司的开清棉流程是：全自动抓包机—双轴流开棉机—多仓混棉机—精细清棉机—双棉箱给棉机—梳棉机等，另外金属探测仪、异纤清除机及微除尘机等也是短流程开清系统的重要设备。但德国特吕茨勒公司的新式超短流程开清棉机组在原开清棉短流程基础上又有了很大的改进，把开松、除杂等功能分布于全流程的四台机器上，即自动开包机—多功能分离装置—混棉清棉联合机—异物分离装置，既完成了清除异纤、杂质等任务，又完成了开松任务。不论是除杂还是开松，其作用在四道工序中都是渐增的，对棉絮的开松及除杂都尽量保持柔和的作用，既能较好地完成对原棉的开松，又能减少结杂及短绒的产生。超短流程的柔和高效除杂及清除异物、异纤是现代新式短流程开清棉机组的特点，为进一步纺好纱创造了条件(见图1.1)。此外可节省占地面积15%左右；一条新的超短流程的开清棉生产线的自动抓开包机的能力为2 000 kg/h，一次可排200大棉包。

自动抓包机——————多功能分离机————混棉清棉联合机————异物分离机

图1.1　德国特吕茨勒新的开清棉生产线

此外，在开清棉生产线编组外还有CL-P预清棉机，它是模块化技术在开清棉工序的应用，根据原棉及产品的不同，可增加或不用CL-P预清棉机，对于含杂较高的原棉及质量要求高的产品需要进行轻柔的预清除杂。CL-P预清棉机放置在混棉机与精细抓包机之间，适当的气流速度可使棉束受到较长时间的清洁处理，使棉纤维的清洁度高而经受打击的强度低，纤维损伤小。

第二节　现代梳棉机的五大特点

1. 提高了梳理能力

如德国特吕茨勒公司生产的 TC5-1 梳棉机，其基本性能及机件与 TC-06、TC-07 类似。

（1）TC5-1 高产梳棉机是特别为生产高支精梳环锭纱配套的，具有中等的产量及优异的质量，能满足纺纱厂生产高支精梳环锭纱的要求。由于该机与 TC-03 一样，锡林中心提高 20 cm（图 1.2），因此加长了梳棉机的梳理区，梳理弧长由 2.17 m 增加到 2.82 m，使梳理质量优异，单产水平达 80 kg/h 可获得最好的梳理效果。

梳棉的质量取决于锡林区，在此区域中活动盖板尤为重要。配有最佳盖板条数量的活动盖板，用于清除杂质、去除棉结、排除短纤。为获得最佳效果，需要一个充分准备的棉网。这项工作需要由预梳理区的清洁元件和梳理元件来完成。规律如下：预开松越高，梳棉效果越好，从而达到提高产量的目的。因此，增加的后梳理区保证得到的棉条更加清洁，纤维更加平行。
特吕茨勒梳棉机，包括TC 5-3梳棉机，一直都拥有最长的梳理区域。这正是其可以提供无法超越的质量能力的原因所在。

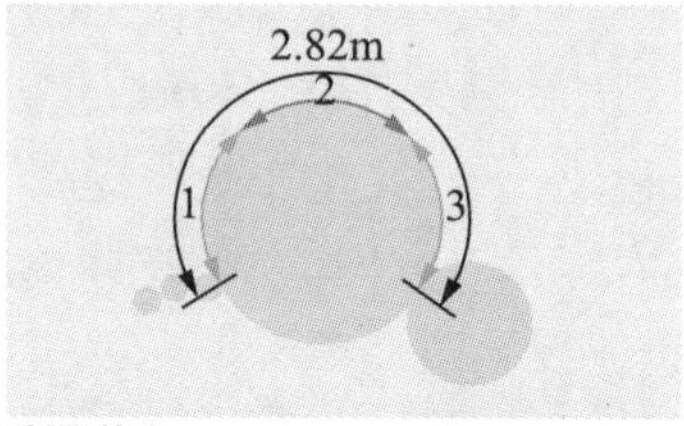

质量潜力
取决于梳理区的长度

1 预梳理区
2 盖板梳理区
3 后梳理区

图 1.2　提高锡林高度可增加梳理面积

新开发的 TC-07 型梳棉机，是专门与高档转杯纺配套的高产梳棉机，单产水平可达 220 kg/(台・h)，清除结杂的能力高，可减轻转杯纺纱机上纺纱箱的除杂负担。梳棉机上配有 T-Con 优化装置，可保证每一个梳理元件之间隔距的优化。当改变产品或速度时，所产生的热量也会使隔距发生相应的变化。T-Con 可测试梳棉机的全部潜能，以达到更好的梳理质量，还可保护针布使其不受损伤。如果将小并条机 IDF 与 TC-07 型梳棉机相接合，使棉条直纺转杯纱，可取消并条机并使转杯纺的工序简化。更短的工艺流程是将生条(矩形条筒)直接喂入到转杯纺纱机上。

（2）C60、C70 高产梳棉机幅宽已由 1 m 增加到 1.5 m，不仅产量大幅度提高 50%，而且产品质量高。锡林直径缩小(由 1 290 mm减小到 814 mm)，锡林回转速度加快，离心力增大，可进一步清除生条中杂质的含量。在纺粗支纱时，可将生条直接喂入到转杯纺纱机上，并使纺纱效率及纱线质量提高。

C70 高产梳棉机采用模块化设计，可方便地转换梳棉机喂入部分的单刺辊为三刺辊，改变生产环锭纱或转杯纱的生产工艺路线。牵伸系统模块化的设置也方便了牵伸工艺的设定。生产转杯纱时，梳棉机的单产水平可在 220 kg/(台・h)以上。

（3）由物理学公式:离心力＝质量×速度平方/半径可看出，锡林直径减小可使离心力增加，但小直径锡林会使梳理面积减小，锡林的表面速度也会减小，因此离心力、梳理面积与表面线速度这三个因素要统筹兼顾，方能提高梳棉机的梳理与排杂能力，保证生条的质量。克罗斯诺尔 MK7 的锡林转速最高可达 900 r/min，一般转速为 800 r/min。离心力使被梳理纤维的排杂作用加强，离心力越大，对纤维透彻的梳理及排杂越好。MK7 高产梳棉机进一步扩大了梳理弧，达到 245°，梳理弧的增加在高产时加强了对纤维的透彻梳理作用；该机优化了梳理面积、梳理速度、离心力的关系，优化后的锡林直径为 1 016 mm(40 英寸)，兼顾了离心力、梳理面积与表面线速度的平衡。

(4) 固定盖板区的配置是提高梳理能力及梳理效果的重要技术进步，现代高产梳棉机都普遍在锡林上部回转盖板前后加装了固定盖板及其配套装置，以加强分梳除杂作用，增加高产梳棉机锡林加速后的梳理度，提高排除籽壳屑、细微尘杂、短绒等功能，与普通梳棉机相比，清除结杂效率显著提高，提高了纱线的清洁程度，降低了细纱断头率，提高了成纱质量。

随着梳理技术的发展，高产梳棉机的固定盖板4根数逐步增加，回转盖板根数继续减少。有关人员对装有40根回转工作盖板区(前后无固定盖板)的普通梳棉机和后固定盖板14根、回转工作区盖板24根、前固定盖板4根的高产梳棉机的梳理效果进行实验对比。从实验结果可以发现，固定盖板增多的高产梳棉机比普通梳棉机的棉结减少31%，细纱条干*CV*值得到了明显改善。这说明增加固定盖板根数，减少回转工作盖板根数，对于清除结杂、提高生条质量十分有利。据此推测，随着高产梳棉机梳理技术的不断发展，新型高产梳棉机可能会全部取消回转盖板而全部采用固定盖板。

2. 柔性模块化技术的应用

柔性模块化技术的应用是现代高产梳棉机的共同特征。前后固定盖板系统的模块化技术的应用具有在高效除杂系统的固定盖板区配置不同数量的清洁元件、梳理元件及空罩元件等三种形式，可通过在线调节控制板隔距和除尘刀排杂角度，也可在盖板运转时对杂质、棉结、短绒、微尘的排出量进行精确控制。固定盖板模块化扩大了梳棉机的品种适应性。高产梳棉机基本上已全机实现了全面、细致、灵活的模块化技术，该技术为不同产品的工艺设计及产品质量的改进提供了方便，满足了设备结构简单、操作方便等要求。C60、C70高产梳棉机采用模块化设计，可方便地对梳棉机喂入部分的单刺辊或三刺辊进行转换，实现了改变生产环锭纱或转杯纱生产工艺路线的操作。喂入部分为单刺辊的C60高产梳棉机是专门用于精梳环锭纺流程的梳棉机，喂入部分为三刺辊的C70高产梳棉机是专门用于转杯纺流程的梳棉机。

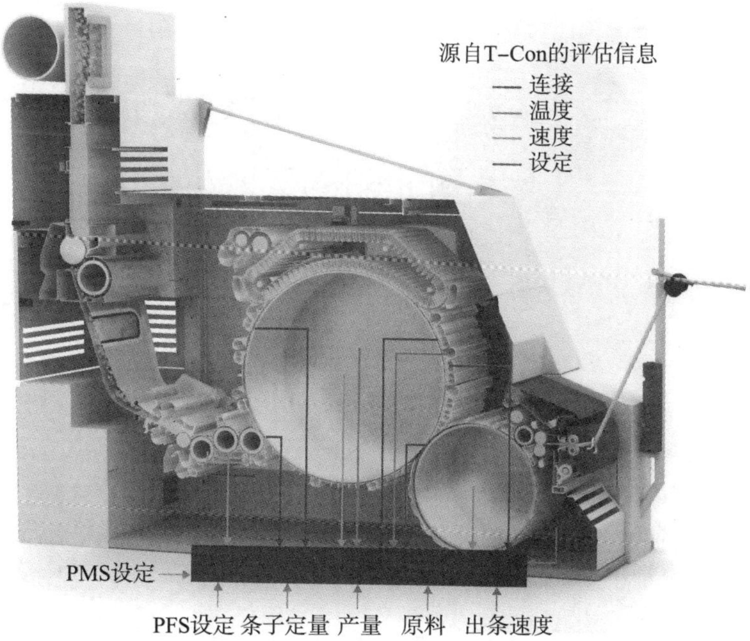

图1.3　TC5-1梳棉机上的T-Con装置(可使梳棉机的工艺达到最优配置)

3. 在线检测及在线调节

(1) TC5-1、TC5-3 高产梳棉机对生条结杂的自动监控系统是自动磨盖板针布、自动调节盖板-锡林隔距监测数据的技术基础。棉网结杂自动监测技术是在梳棉机道夫下方安装数码照相机自动扫描棉网结杂，瞬间自动监控剥棉罗拉棉网中的结杂含量及结杂颗粒的大小，及时向电子计算机报告棉网中的结杂含量，并在屏幕上显示自动检测结果。

(2) TC5-1 梳棉机上的 T-Con 装置是依靠对生产环境中变换数据的测量，客观计算并设定梳棉机锡林与盖板间的隔距，包括各种棉网清洁系统中的固定梳理元件与锡林间的距离等，使梳棉机的工艺达到最优配置，从而使产品质量达到最佳水平，这是一项很重要的技术进步(图 1.3)。

(3) 在线检测也是 MK7 高产梳棉机的重要技术进步之一。

4. 自调匀整系统的改进

高产梳棉机自调匀整系统大都采用混合环式，经过自调匀整后的生条重量不匀小于 1.5%。MK7 梳棉机采用的是闭环式中、长片段自调匀整系统，中片段自调匀整可对 1 m 长的生条重量进行控制匀整。自调匀整的生条重量传感器采用的是克鲁斯诺尔的专利技术，不受纤维特性变化的影响，反应直观直接(图 1.4)。

双棉箱给棉机是由压力传感器、变频调速等先进的电子技术组成的高产梳棉机喂棉箱，是实现高水平清梳联的关键设备。双棉箱给棉机的给棉很均匀，这是提高生条质量的重要保障，目前这项技术已很成熟。据国外报道，如果梳棉机上不采用自调匀整系统，仅双棉箱给棉机就可使生条 *CV* 值在 2.5%左右。

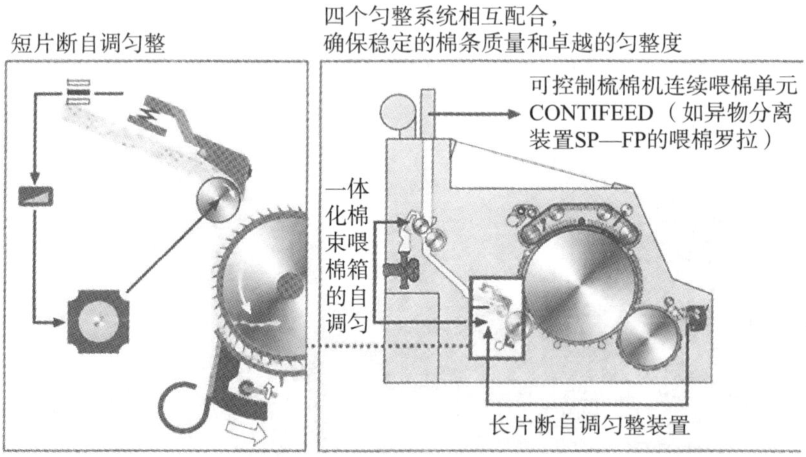

图 1.4 高产梳棉机自调匀整系统

5. 高效除尘系统的加强

由于梳棉设备内各点气压的大小、气流的走向以及管道直径的大小都会影响生条质量，因此为了达到高效排杂、辅助分梳的目的，高产梳棉机越来越重视合理利用系统的内气流气压。

一些新型的高产梳棉机的落棉、排杂分两路进入滤尘系统，不同的废棉可在滤尘系统分别进行回收，上、下吸排风形式也可根据需要自由选定。这种新型高产梳棉机是全机封闭的，有 10 多个吸排杂点，气流气压控制精确，可使排尘除杂调整到最佳状态。刺辊下部排杂除尘刀、前后固定盖板的排杂、除尘刀角度可在线调节，提高排杂效果。固定盖板的高效排杂系统可在线精确调整、控制短绒及杂质，使杂质排除量满足不同品种的工艺要求，不需工具就可以进行调节，管道及风口也可方便拆装清洗。

第三节 高速并条机

一、控制条干不匀的开环式自调匀整系统

新型高速并条机的开环式自调匀整、粗节监控等技术都有了新的发展，如瑞士立达公司最新的 SB-D11 单头并条机，德国特吕茨勒的自调匀整并条机 TD03 和 TD03-600。这是并条机技术的最新发展。

1. SB/RSB-D40 并条机在技术上有新的进展，如电子扫描系统、自调匀整技术及牵伸机构等的改进，使棉条在引出速度为 1 100 m/min 时仍具有十分优异的质量监控作用，并已形成专家系统。经过长时间的运转后，由于应用了 CLENANcoil 清洁系统，机器在高速运转条件下仍可保持清洁，特别是在加工化学纤维时更好。自调匀整系统还可应用 AOTOset 装置在线自动调整有关工艺，从而减少试验室的人工操作；依靠光谱诊断技术，可在彩色屏幕上自动显示疵点的图形。SB/RSB-D40 并条机比其他传统并条机节能 10%，并且在输出棉条部分设有棉条的粗节监控。

2. RSB-D22 双眼并条机。这种双眼并条机的每个单头都有单独的自调匀整机构，最大出条速度可达 2×1 100 m/min。RSB-D22 双眼并条机每一侧的自调匀整机构都是独立的，而且具有独特的自调匀整功能，每个头输出的棉条质量都很好，可与 RSB-D40 并条机相媲美。此外具有占地面积少、能耗低、投资少的优点，还可在同台并条机上生产两种不同的产品。

3. 在 2007 慕尼黑 ITMA 上，瑞士立达公司展出了最新的单头并条机 SB-D11，该机配有自动换筒装置，条筒直径为 600～1 000 mm，可储存两个条筒，比一般纺纱工场占用较少的面积。在技术及产量上，基本上是按照 RSB-40 型并条机设计的，机上没有自调匀整装置。SB-D11 型单眼并条机是立达公司的新设备，最高车速可达 1 100 r/min，这种单眼并条机的设计是与 RSB-D40 配套应用的。SB-D11 型单眼并条机的特点是结构紧凑、棉条质量好、价格低廉、性价比好，在自动生产线上可以在出条速度为 1 000 m/min 时自动换筒而不影响质量。SB-D11 型单眼并条机操作简便，运转稳定，维护工作量小，具有很好的性价比。

4. 特吕茨勒的自调匀整并条机有两种型号，一种是用于高产范围的 TD03 并条机，像 HSR1000 一样，TD03 型并条机车速最高达到 1 000 m/min，但只可加工普通原棉、化纤及混纺条；另一种是用于精梳环锭纱的 TD03-600 型，车速最高达到 600 m/min。自调匀整系统的应用应根据不同的原料、品种及不同的车速而确立，像 TD03-600 的出条速度为 600 m/min，纺纱品种是精梳纱，自调匀整的效果好。

5. 特吕茨勒配有自调匀整的并条机机 TD03 还配有牵伸点的自动优化设置系统 OPTI SET，通过考虑一些综合情况，如机器的设置、原料性质及周围的空调状况，可在几秒钟内完成主牵伸的最优化，完全自动地确定最佳数值。喂入原棉先经过传感器扫描后再进入主牵伸区接受牵伸匀整作用，主牵伸区距传感器约 1 000 mm，匀整作用相对于传感器扫描时间有一定的滞后，因此主牵伸点的设置应考虑这一滞后因素。此外，主牵伸点的确定还要考虑原料性质、机器设置及周围的空调状况。

6. 特吕茨勒公司研发的 TD03-600 型自调匀整式并条机是专门用于精梳工艺流程的高档并条机，在供应精梳生产用棉条时的出条速度一般在 600 m/min 以下，该机专门配有自调匀整系统用的伺服电机及细微自调软件(图 1.5)。

采用最高的出条速度 600 m/min，一台并条机大约可节能 3 kW。优化的自调匀整系统速度为 400～550 m/min。TD03-600 型自调匀整式并条机的设计基本上与 TD03 型并条机相同。自调匀整效果与并条机的出条速度、生产品种及原料质量有关。

7. 德国特吕茨勒公司的新型并条机 TD03-600、TD02 都是在 TD03 并条机的基础上改进与发展的。TD02 型并条机专门用作头道并条加工，与 TD03 并条机配套使用，它不带自调匀整系统加工普通棉产品、纯棉或混纺普梳纱，或用于精梳环锭纱的头道并条。实际上它只是 TD-03 并条机取消了自调匀整机构，具有简单的机构及不可比拟的高效率。未来的 TD-03 并条机的牵伸罗拉是单电机驱动的，有智能电脑控制系统及完善的质量控制体系，通过人机对话可直接进行简单的参数选择，不需更换齿轮和皮带轮。

8. 高产并条机因加工原料及品种的不同，出条速度也不同，如高速并条机的最高速度为 1 000 m/min，只可加工普通原棉；加工化纤及混纺条时，出条速度为 650～900 m/min，加工精梳条时线速度为 600 m/min，低级棉且含废棉多的混合棉条加工速度为 500 m/min 以下，甚至 RSB 系列的并条机，在加工低等级原料的棉条时，车速也只能开到 250 m/min。生条及半熟条短绒率含量的高低会影响匀整效果。由此可见，原料、产品品种及棉条中含短绒率不同，不仅影响并条机出条速度，而且自匀整效果也达不到应有的水平，这是自调匀整系统能否发挥正常作用的关键。

图 1.5　TD03-600 型自调匀整式并条机

二、粗节监控技术

新型并条机都有粗节监控器，设在输出部分，称为质量监控器，如图 1.6 所示。生条经过乌斯特条干仪检测后，受检棉条长度远大于 125 m，根据波谱图上粗节疵点的距离可准确查出粗节疵点产生的原因。经过长期摸索分析，确定棉条粗节疵点最短长度为 20 mm，断面粗度偏差在＋15％以上。波谱图上小于＋15％的信号所反映的情况不够准确，小于＋15％的棉条对纺出的细纱粗节的影响并不显著，对下游工序的产品质量也无负面影响；而大于＋25％的棉条对细纱粗节的影响显著，并条机被指令停车。

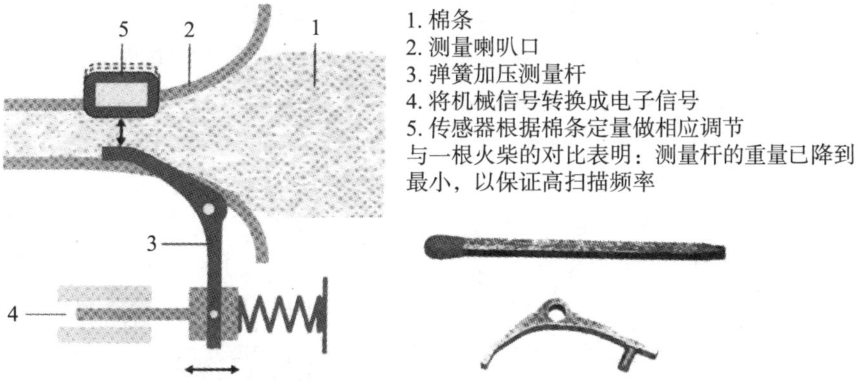

图 1.6　特吕茨勒并条机的喇叭口式传感器的工作原理图

为了避免疵条的产生，在并条机的输出部分设有对棉条进行连续监控的机构，可提供准确的实际运行数据，并将实际测得的数据与正常数值相对比，一旦出现超限问题，机器自动停止。监测器可对如下参数进行监测：

(1) *A*%极限(调节极限 Adjustable)。*A*%极限设定 1 000 m 棉条中＋15%～＋25%之间，＋15%以下对成纱质量无显著影响；＋25%及以上将显著影响纱线质量，会自动报警停车待处理。

图 1.6 中 5 为弹簧加压测量杆，本身重量很轻，只有一根火柴棒那样重，以保证高扫描频率，灵敏度很高。漏斗内测量片的重量比传感罗拉要小得多，因此其扫描频率比罗拉式传感器提高了 2.5 倍。

(2) 条干 *CV* 值极限。典型周期性疵点的波谱图极限(这些疵点会造成染疵)。棉条监测器提供了生产技术数据的浓缩归纳值，输出棉条的 *CV* 值在屏幕上显示，并打印 8 h 内机器停台次数及停台时间，8 h 运行效率情况，*CV* 值的变化，机器运行起始及结束时间，动力故障等简要报告。根据需要也可打印详细的报告，其中包括部分信息，即整个 8 h 内的实时波谱图及 A%曲线。

经过大量试验得出如下结论：当棉条长度大于 20 mm，棉条重量偏差大于 15%时，定为熟条棉条粗节疵点，也是熟条粗节疵点在线监控的下限。

第四节　新型精梳机

1. 瑞士立达最新精梳机 E76 除了以提高产品质量为主外，还考虑了节能问题，每生产 1 kg 纱可节能 12%。钳板采用铝镁合金，减小了钳口的振动，E76 的牵伸装置位于圈条器上方，以利于导条器的高速运转。E76 精梳机的单产可达 74 kg/h。国外的精梳机不再强调速度，而是在努力提高产品质量及节能，这是值得注意的发展方向。

2. 特吕次勒 TC01 精梳机的车速高达 500 钳次/min，在高速下机器无明显振动，能耗低，噪声也低(图 1.7)。精确磨光的钢质钳口能确保喂入棉卷重量高达 80 g/m 时准确夹持，为了准确夹持，分离罗拉设计成鼓形，使罗拉沿轴向中间直径略大，而且表面有斜纹线凹槽，使其在工作宽度下更加均匀地夹持。四上四下单独控制的上皮辊各自具有可调节的敏感的气动加压系统，以适应不同的原料，可实现重定量大牵伸（8～22 倍），从而保证棉网的顺利导向及防止叠层。随后，可调气动加压罗拉将纤细的精梳条输送到高抛光的不锈钢钢板上。该精梳机的棉卷退绕及喂入区的设计适于重定量喂入，可向前、向后喂入，喂入长度可很方便地根据原棉纤维的长度进行调节，高精度分离罗拉由共轭凸轮驱动。车速高达 500 钳次/min，已不再是理论速度而是实际运转速度。

特殊的喂棉罗拉外形保证了连续而稳定的棉网导向，为此喂棉罗拉是双侧传动的。

3. 钳板采用铝镁合金，减小了钳板重量，而且是精确磨光的钢质钳口，从而确保喂入棉卷重量高达 80 g/m 时也能准确夹持，在 500 钳次/min 时无明显振动，且噪声低。

图 1.7　特吕次勒 TC01 精梳机车速高达 500 钳次/min

4. 半圆梳及顶梳使短纤维分离，其中半圆梳起主要作用，顶梳可分离 3% 的短纤维。TC01 精梳机的半圆梳由四个梳理元件组成，配有不同的针布。半圆梳覆盖大约 90°角，针的密度可从 25 针/cm^2（160 针/英寸^2）增加到 140 针/cm^2（900 针/英寸^2）（图 1.10，图 1.11）。

5. 钳板对圆梳运动的均匀一致是生产优质精梳条的关键。特吕次勒 TC01 精梳机在 90°的整个弧面上，钳板与圆梳针布的距离保持一致，顶梳与分离罗拉的距离应尽可能小，这是精梳过程中特别重要的因素。特吕次勒 TC01 精梳机使用的顶梳配有针尖部分，与分离罗拉的曲面相匹配。一般情况下顶梳针齿密度为 26 针/cm，但对于粗支纱或特高支纱，针齿密度为 23、29、32 或 35 针/cm^2（ 半圆梳机构见图 1.8）。

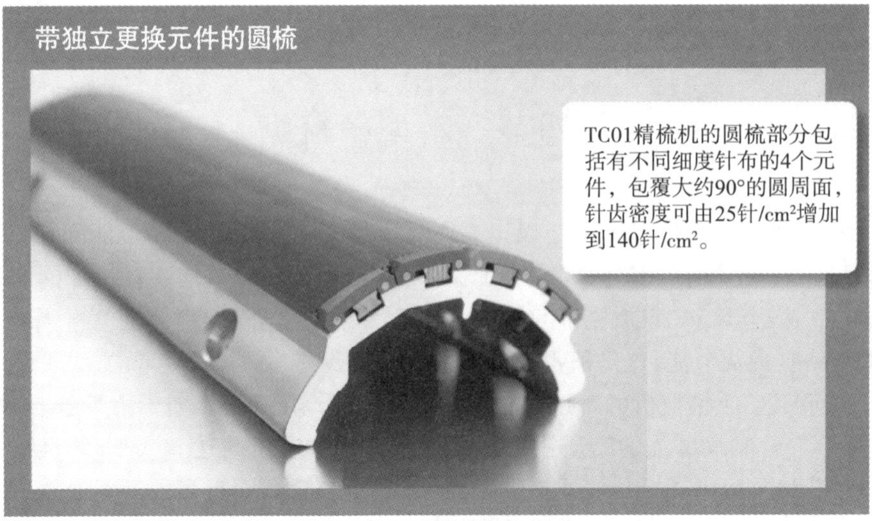

图 1.8　配有 4 个不同梳针的半圆梳梳理元件

6. 特吕次勒 TC01 精梳机还配有自动清洁顶梳系统，可使梳理质量持续良好，并可适当延长挡车工的清洁间隔时间。它是用一股压缩空气流在极短的几微秒内，对顶梳针从上到下将粘附在顶梳针上的纤维分离下来(顶梳针板见图 1.9)。

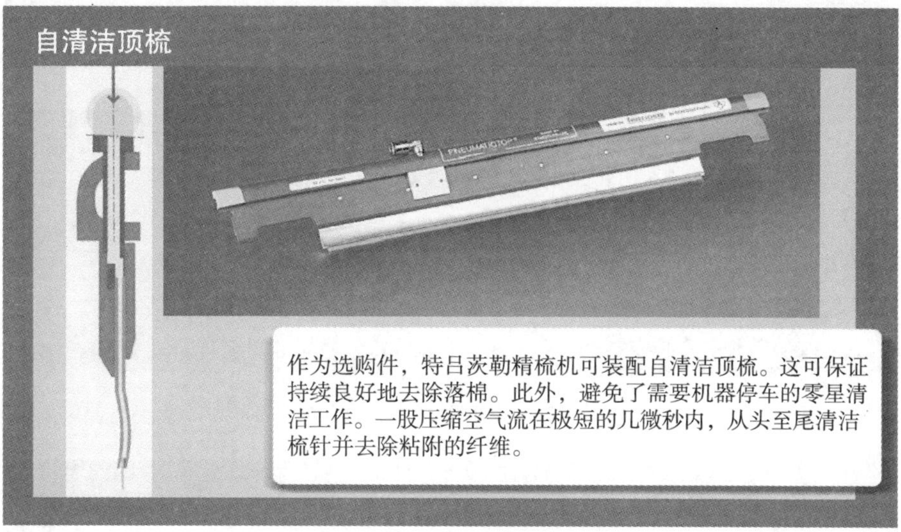

图 1.9　自清洁顶梳针板

7. 单独控制的气动加压牵伸系统。在特吕次勒 TC01 精梳机的台板上，可很轻柔地将 8 根棉条送到位于条筒正上方的牵伸系统的喂入罗拉。牵伸形式为四上四下单独控制的气动加压，可实现重定量大牵伸(8～22 倍)，以齿形带传动。当打开皮辊支撑时，三个皮辊也被提升，从而简化了操作，而喂入皮辊仍留在棉条上，以防止棉条回缩，棉网气动生头为标准配置。

特吕次勒 TC01 精梳机的棉条筒为标准筒(600 mm×1 200 mm)，牵伸系统位置的改进可使棉条垂直喂入圈条盘。备用的空筒从侧面送入，满筒向前运出，使换筒十分紧凑，节省了占地面积，也可采用简单的地下方式送入空筒。

8. 高精度分离罗拉由共轭凸轮驱动，差动齿轮下的摆动件使接头时有更长的叠层时间，偏心轮的平衡作用使钳板运动做到更准确、更快速的反转。

9. TC01 精梳机的机架设计应用特殊的软件，模拟精梳机实际运行过程中的动态负荷，因此每一个机架元件都按其相应的负荷进行设计，使机架能满足精梳机高速的要求，在车速为 500 钳次/min 时，也感觉不到振动，没有冲击负荷，也没有不受控的扭力产生。

10. 动力学优化设计使加工量减少及由于摩擦、振动造成的损耗减小，还大幅降低了能耗。由于在车速为 500 钳次/min 时，也感觉不到振动，机械补偿和优化动力学使钳板运动的作用力减小。特吕次勒 TC01 精梳机利用 3D 软件仿真计算优化了各部分齿轮，使精梳机高速运行时无振动，还可避免摩擦损失，从而在车速增加时，不必增加太多的动能。

11. 衡量一台精梳机的好坏主要是考虑精梳机的产品质量水平，从细绒棉在棉卷、精梳条及精梳落棉中的纤维长度分布中，可看出短纤维的含量及纺纱质量情况。

12. 浙江锦锋生产的精梳针布不仅在国内而且在国外都享有盛名，对提高我国精梳机的梳理性能起到了积极的作用。

图 1.10　半圆梳针板的梳理动作

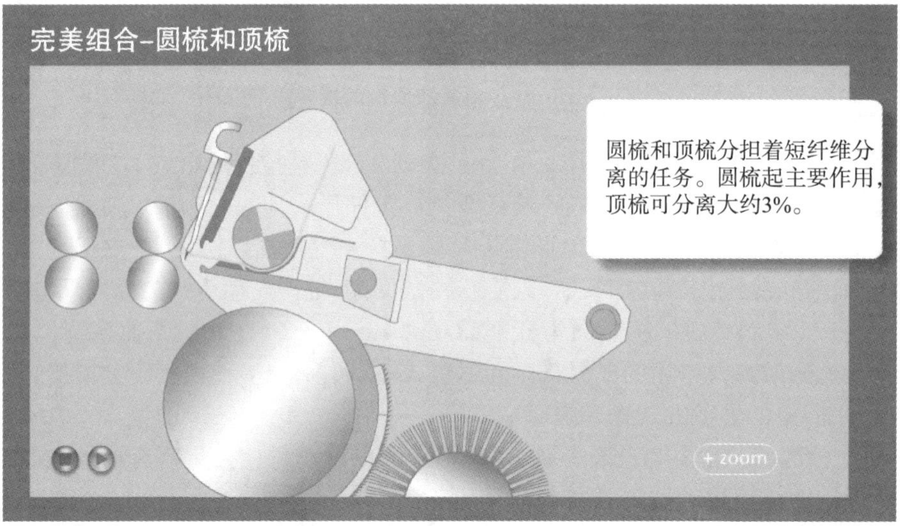

图 1.11　顶梳针板的梳理作用

第五节　四单元传动的粗纱机

新型四单元传动的粗纱机具有电机分别传动，自动卷绕张力监控水平高，采用四罗拉双短皮圈三区牵伸型式，采用自动落纱技术，自动化程度高的清洁系统等五大特征。

1. 四单元分别传动是现代新型粗纱机的第一大特征

四个变频电机分别传动牵伸罗拉、锭子、锭翼及龙筋升降，在计算机控制下完成粗纱的牵伸与卷绕成形，取代了锥轮变速及差微等机械传动系统，实现了四大运动系统的同步匹配，彻底消除了粗纱机开关车造成的细节。计算机根据粗纱工艺及卷绕成形的软件控制各电机的速度，精确完成粗纱的卷绕。这种新型四单元传动技术具有如下优点：

(1) 消除了由于机械传动而造成的粗纱开关车细节，大大提高了粗纱质量。

(2) 在当代机织及针织技术高速运转条件下，喷气织机、针织机的引纬张力峰值很高，因此对纱线强力的要求高，不仅平均强力要达到一定水平，强力不匀率要低，强力分布离散程度要小，而且还要求纱线强力弱环少。经测试，喷气织机由于细纱强力弱环的存在而造成的断头中，细节造成的断头占 61%，因此，在纺纱过程中如何减少工艺及设备上造成的细纱细节问题是现代高速纺织生产的主要课题。四单元传动的粗纱机对减少因细节造成的织机断头的作用很显著。

2. 粗纱张力传感器的设立是现代粗纱机的第二大特征

新型粗纱机除了采用四单元传动技术外，还设置了粗纱张力传感器，监控卷绕线速度与前罗拉引出线速度，使纱线始终保持一定的张力值，卷绕速度略大于引出线速度 1%。不论大纱、中纱、小纱或车间相对湿度的变化，经计算机控制的卷绕张力始终保持恒定及恒定的卷绕密度。

(1) 对粗纱机的龙筋上下换向运动进行了大量研究并取得了新的成就，这项技术的应用使粗纱的成形更加完善。它是以程序控制变频电机直接使上龙筋自由上下换向，换向时间很短(0.5 s 以内)，取代了电磁离合器换向机构，使粗纱卷绕成形十分精确，进一步提高了粗纱的卷绕成形质量，不会出现溃纱现象。

(2) 恒定的卷绕密度是新型粗纱机的又一个重要特点。新型粗纱机应用了张力传感器，自动控制与调节卷绕张力(CCD 装置)，实质是在线主动控制粗纱大、中、小纱及卷绕高低位置的粗纱张力动态自动微调技术，张力调节效果明显。如果在四单元传动技术的基础上，同时应用在线张力微调(CCD 技术)，粗纱机的张力差异控制将更加理想。

(3) 我国青岛环球纺机厂新近研制开发了一种张力控制系统软件，张力控制采用纺纱系统的数学模型程序，运用最新控制理论即电机转矩理论，实现了粗纱张力更细小的微调，替代了 CCD 控制技术，克服了国产 CCD 控制技术不稳定的弊病，使粗纱机能保证恒定张力纺纱，提高了产品质量。

3. 采用四罗拉双短皮圈三区牵伸型式是现代粗纱机的第三大特征

如日本 FL16、青泽 668 等粗纱机都应用四罗拉双短皮圈牵伸系统，也称 D 型牵伸，我国新开发的 FA491、FA494 粗纱机也采用四罗拉双短皮圈牵伸。实际上，四罗拉双皮圈牵伸系统有三个牵伸区，但 1～2 罗拉之间的牵伸倍数只有 1.05 倍，为整理区；主牵伸区在 2～3 罗拉之间，集棉器放置在整理区，主牵伸区不放置集棉器，满足牵伸不集束，集束不牵伸的要求，以达到提高条干均匀度及减少细纱毛羽的日的。四罗拉牵伸整理区使主牵伸区牵伸后的纤维在整理区起到集束作用，经过集束的粗纱须条会因集束而变窄，从而使在前罗拉钳口引出的粗纱须条宽度减小，使细纱前罗拉钳口到加捻点的纺纱三角区的面积相应减小，使纺出细纱的毛羽比较少。因此四罗拉三区牵伸的作用不仅可使粗纱牵伸倍数增大，可供细纱机纺高支纱，而且还会减少细纱毛羽，提高纺纱质量(图 1.12)。

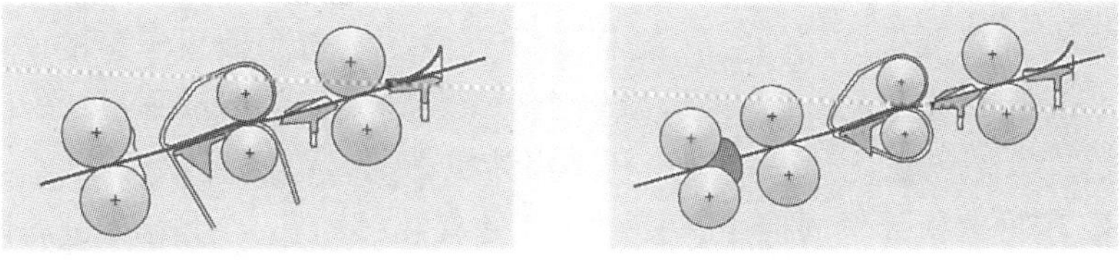

(1) 长短皮圈三罗拉牵伸系统　　(2) 双短皮圈四罗拉牵伸系统

图 1.12　粗纱机的两种牵伸形式

4. 自动落纱技术是现代粗纱机的第四大特征

(1) 粗纱机自动落纱技术是提高自动化程度、提高生产率、降低劳动强度、实现传统纺纱连续化及自动生产的关键技术。

发达国家与不发达国家纺织厂的用工差距很大，不发达国家吨纱用工 29 人，发达国家平均用工为 10 人，美国为 4 人，这种差距与纺纱生产自动化程度是分不开的。

美国等发达国家对环锭纺纱系统进行全自动化改造，包括对粗纱全自动落纱、自动运输及粗细联自动化技术的实施。实现粗纱工程的自动化对于高工资的发达国家尤为重要。

图 1.13 粗细联自动粗纱运输系统

(2) 粗纱全自动落纱机的技术特点是，当粗纱机纺满一定长度的纱时会自动停车，下龙筋降到落纱位置，自动落纱及换管后下龙筋复位，粗纱自动搭头，形成新一轮纺纱。落纱时间为 4～5 min，落下的粗纱集中运到粗纱运输系统待运，像青泽 670、680 Rawemat 型粗纱机上装有内置式全自动落纱装置，这种装置更加先进。自动落纱技术为实现粗纱无人操作创造了条件。

(3) 我国青岛环球纺机公司在 2008 上海国际纺机展览会上展出了全自动粗纱落纱机，机构简单，落纱时间短，只需 2 min，受到特别的关注。

(4) 半自动落纱：粗纱机的半自动落纱技术比较成熟，尤其是四单元传动的新型粗纱机，其半自动落纱比无自动落纱操作上要简便得多，不需要考虑锥轮皮带的复位等问题。国产新型粗纱机大都是半自动落纱，当粗纱卷绕到一定长度后，计算机指令停车，下龙筋降至落纱位置，人工取纱换上空管，下龙筋再上升至生头位置，搭头后重新启动纺纱。

5. 清洁系统的完善是现代粗纱机的第五大特征

粗纱机高度自动化清洁系统的设立，能及时清除罗拉、皮辊、皮圈等处的短绒及杂质，防止纤维缠绕罗拉等部件，并保证不出现由于积聚短绒及飞花造成的纱疵。此外，新型粗纱机具有自净化环境的能力，能降低生产区的空气含尘、含飞花量。随着粗纱机车速的不断提高，清洁工作更要加强，以保证产品质量的稳定提高，减轻挡车工清洁工作的劳动强度(图 1.14)。

(1) 像德国青泽、瑞士立达及一些国产新型粗纱机都配有负压吸尘系统，在上下罗拉、皮圈等部分加装吸风口，将这些部位的棉尘、短绒吸走，并在粗纱机机尾处配有过滤网箱，使过滤后的清洁空气循环回到生产区。由于采用连续负压吸风，使牵伸及卷捻系统的飞花、短绒及棉尘等被及时吸走，使车间生产区含尘量很低。

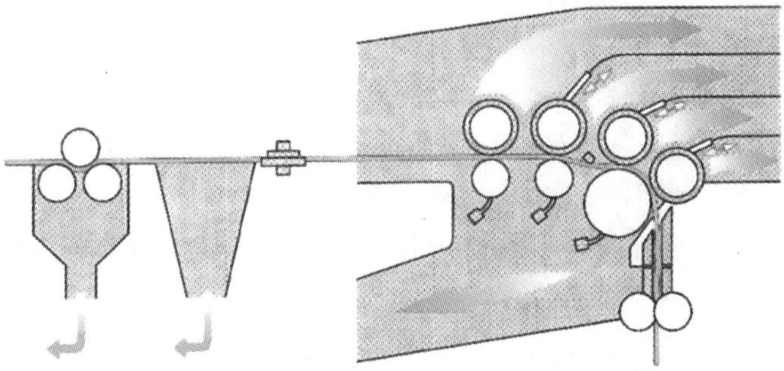

图 1.14　条粗细牵伸区的负压吸尘清洁系统

(2) 新型粗纱机上还配有断头吸棉及自停装置，在前罗拉下面装有断头吸棉装置，可解决断头后飘头造成在邻纱产生双纱及其他纱疵。此外，还配有吸棉传感自停系统，一方面将断头吸入管道，另方面可使机器停车待处理。当发生断头时，被吸入机尾吸棉主风管道的短绒、花衣等被传感器检测，当检测量超限时，立即通知机器停车。新型粗纱机的上下清洁装置与断头吸棉装置构成一个清洁系统，使粗纱质量及生产环境的净化水平得到提高。

(3) 环锭纺纱系统对粗纱质量的要求及评价使粗纱机的好坏决定了纺纱的最终产品质量，因此要求粗纱机上有一套能够对牵伸区进行连续清洁的联合巡回清洁系统，使粗纱生产达到高度净化。在 2007 慕尼黑展览会上，瑞士立达公司展出了新开发的一种对牵伸、锭翼部分及地板的联合直接吹吸清洁体系，能有规律地稳定自动巡回，并对粗纱机进行自动清洁，这种粗纱联合清洁系统(Uniclean-F)可对牵伸区的飞花及尘屑等自动连续吸取并进入固定的汇集箱中。结构紧凑精巧，并实现人机对话控制的空气导流装置，可与全自动或半自动落纱机及粗细联合机相结合，形成粗纱机生产内部的自我清洁体系。

(4) 吸尘管道的轨道装在导条架上或单独从地板竖立的支架上，将收集的垃圾废料经过圆柱形过滤箱，进入气流与中央风扇相连接的飞花接受站。配有电子式自动控制系统的联合清洁系统，可保证粗纱机发生断头时，吹风装置停止向机台吹风而转向天花板方向，断头飞花由吸风吸入负压管道内。因此，吹吸风联合机构不会损坏或干扰粗纱机正常纺纱。

(5) 如果将自动落纱机系统或管纱自动运输线与自动吹吸风装置相联接，设立特殊结点的传感器，当粗纱机满纱准备落纱时，吹吸风自动进入停止位置，不会防碍落纱动作的顺利进行。机上还配有紧急故障转换开关及键盘式按钮开关等。

(6) 我国 FA400 系列、日本 FL16 粗纱机除了配备积极回转式清洁绒布外，还配有自动负压吸风系统，及时清洁上下绒板绒布的棉尘及短绒。

第六节　环锭细纱机的发展

在 2007 慕尼黑 ITMA 及 2011 巴塞罗纳 ITMA 上展出的环锭细纱机大都是紧密环锭细纱机，有立达公司的 Com4、K45，绪森公司的 Elite 及丰田公司的 RX240-EST11 等。

1. 青泽 Zinser351 细纱机是目前世界上最长的细纱机，全机共有 1 680 锭，适应生产各种纱支。全机的传动技术先进，机器元件制造精度高，自动控制灵敏等，使得该细纱机具有生产能力高，性能稳定可靠的特点。青泽 Zinser351 模块化细纱机是 2007 慕尼黑 ITMA 上具有重要技术进步的细纱机之一，可根据需要应用模块将普通环锭纺快速地改成紧密纺，也可应用模块将紧密纺快速地改成普通环锭纺。此外，紧密纺花色纱、紧密赛罗纺、紧密包芯纱等都是紧密纺纱技术的新发展，预计今后紧密环纺在普通环锭纺纱技术的基础上会有更大的发展。

2. 立达 G32 环锭细纱机有 1 440 锭，可配用自动落纱系统 ROBOdoff 或无管底卷绕落纱装置 SERVOgrip，纺纱质量好，性价比极佳，是当前纺纱厂技术改造比较理想的细纱机（图 1.15）。

图 1.15　立达 G32 型环锭细纱机

3. 立达展出的紧密纺环锭细纱机 K45，具有很高的适应性。COM4 经过改动有几种不同型号的机器：COM4Core 包芯纱机、COM4Twin 紧密合股机、COM4vario 紧密花色纱机及 COM4light 经济型紧密纺纱机。粗纱运输系统可将不同的原料运到一台或同样的多机台上，适纺 58.31～2.33 tex（10～250 英支）紧密纱。

4. 德国绪森公司在 2007 慕尼黑 ITMA 上展出的 EliTe 紧密纺 CompactsetV5 体系可用于生产合股线、新型包芯纱的设备 COREAflex，在我国经纬（Jingwei）纺机公司的 FA 506 细纱机上装有 EliTA 控制系统及 Elivario，可生产纯棉 100/2（英支）包芯股线，锭速可达 20 500 r/min。

在 2007 慕尼黑 ITMA 上展出的环锭细纱机绝大部分都是紧密纺环锭细纱机，表明了环锭细纱机今后的发展方向。

今后环锭细纱机的发展方向主要有三个方面：

（1）主要向紧密纺方向发展。

（2）主要向长车及细络联方向发展。

（3）向高度自动化方向发展。环锭细纱机的自动化已取得很大的技术进步，如全自动落纱机、细络联、粗细联、细纱断头自动监测、细纱长车、牵伸系统的自动牵伸倍数调节、人机对话的图形化操作界面的应用、可调式变负压风机新技术。

5. 新型环锭细纱机对每个锭位配有纱线断头监视器 FilaGuard，监视钢丝圈的运转情况，可及时发现细纱断头并通过光电信号显示断头锭位，减少了挡车工的巡回工作量，使断头得到及时处理。一旦监测到断头，Rovingguard 会自动停止供给粗纱，减少原料浪费，并避免了纱线缠绕部件而引起机器损坏（图 1.16）。

(1)　　(2)　　(3)

图 1.16　每个锭位的纱线断头监视器 FilaGuard 监视钢丝圈的运转情况

图 1.16 中

(1) 监控全机:将两只指示灯装在车尾两侧,用以监测细纱每侧断头的最低断头数,如超过,指示灯即闪亮;连续的灯光指示断头;闪烁的灯光指示转差的锭子。

(2) 分段监控:将每 24 个锭子为一组,装有高亮度的指示灯 LED(发光二极管),可指示断头及有问题的锭子。

(3) 单锭监控:用于监测超过运转规定要求的锭子,可通过 LED 监测灯识别不正常的锭子,并以灯光显示出信号。

第七节　2011 年巴塞罗纳 ITMA 展出的新型纺纱机

1. 德国特特吕茨勒公司在 2007 慕尼黑 ITMA 上展出了超短流程开清棉设备、模块化高产梳棉机、智能化高速并条机、全自动高速精梳机等一系列高档前纺设备,很受欢迎。特特吕茨勒公司在 2011 年巴塞罗纳 ITMA 上展出高档粗纱机、细纱机及自动络筒机等纺纱设备,形成全套纺纱生产线,推向市场。

2. 瑞士立达公司在 2011 年巴塞罗纳 ITMA 上展出更新的纺纱设备,如 VARIOLIN 开清棉系统有抓棉机 A、预清棉机 UNICLEAN B12、多仓混棉机 UNI MIX B72 或 B76 可配模块化机型、新型清棉机、储棉机 UNICLEAN A79(配有清洁模块)、高性能梳棉机 C60 和 C70、新型全自动转杯纺纱机、E66 精梳机、K44 卡摩纺纱机、G33 环锭细纱机、RSB-D35 并条机等,这些纺纱设备都在原有的基础上有了许多改进。

第二章

织前准备技术的发展

现代织前准备技术的发展与无梭织机的效率及织物质量的关系十分密切，本章对织前准备技术的发展作详细的讨论。如自动络筒、整经及浆纱等工序的设备，在 21 世纪都取得了很大的发展，对于提高织机效率及织物质量都产生了重要的影响。

第一节　第四代自动络筒机的技术进步

第四代自动络筒机的技术进步主要表现在等张力卷绕、精密防叠、精密定长、精密卷绕、电子清纱和异纤、无接头痕接头及细络联等方面(图 2.1)。

1. 等张力卷绕

德国欧立康-赐来福 AUTO338、意大利 ORIAN 及日本 PC21 三种自动络筒机的络纱张力控制能很好地保证卷绕及退绕时的纱线张力均匀，从而提高了织造效率及织布质量。意大利 ORIAN 及日本 PC21 各有特点，在慕尼黑展览会上，欧立康-赐来福的自动络筒机为了消除筒子纱的内应力将纱路取直，使卷绕质量进一步提高，而且可调控空捻器、吸嘴及卷绕张力。欧立康-赐来福等自动络筒机已步入智能化阶段，能很好地将电子技术与独立电动机相结合，实现了 S、Z 捻的自动转换，协调了上蜡器的动作。所有这些都大大提高了精密等张力卷绕质量。

2. 防叠技术

欧立康-赐来福的新型自动络筒机 Autoconer 5 采用瞬间波形交叉卷绕驱动技术，使每次纱的往复及导纱动程都可单独变化，可独立于卷绕速度之外，不受卷绕速度的影响，提高了防叠效果，同时也是松式染色筒子卷绕的技术保障。

日本在 PC21 自动络筒机上应用的两个沟槽的防叠技术的防叠效果，在慕尼黑 ITMA 上受到与会者的关注，是第三代自动络筒机防叠技术，防叠效果较好，能有效地防止叠状卷绕现象产生。

3. 精确定长技术

自动络筒机的精确定长好坏是关系到节约用纱、减少浪费的重要问题。第三代自动络筒机的定长误差为 1%，也不大准确。意大利萨维奥的欧立安以筒子和槽筒的速度间接测算筒子直径及纱线长度，显然不够精确。现在萨维奥的普拉自动络筒机上利用激光距离传感器直接测量，不需要考虑用纱线体积间接测算纱线长度；日本村田公司在络筒机的纱路上应用光学传感器，可精确测量纱线的长度。所有这些测量纱线长度的新技术都使筒子纱的长度误差低于 1%。如果应用电子清纱器担负纱线长度的测量统计，可能更精确。

4. 电子清纱

乌斯特公司提供的 USTER QUANTUN2 电子清纱器，可对加工生产的纱线进行 100%的检测，并清除粗细节及异纤等偶发性疵点。在慕尼黑 ITMA 上，USTER QUANTUN2 电子清纱器的清纱功能引起了重视。该电子清纱器可逐厘米地检测与清除受检纱线上的各种纱疵，包括粗细节及异纤等偶发性疵点。对于粗细节等纱疵的检测与清除任务，在一定的检测与清除频率下，自动络筒机的效率是可以保证的。但对于检测与清除数量较大的异纤来说，就不能孤立地单独应用 QUANTUN2 电子清纱器的功能了。所谓异纤是指不同于原棉纤维颜色的其他纤维，如麻、毛发、纸屑、塑料丝、丙纶丝、动物羽毛、色纤、碎布及枝干等，这些异纤在将织成的布印染时，由于与棉纤维有不同的上色性能，从而产生染疵，因此在纺纱过程中应予以排除。由于一般原棉在收割、轧花等过程中被污染得比较严重，如果单依靠自动络筒机上的 QUANTUN2 电子清纱器对异纤完成检测与清除任务，自动络筒机的效率会很低，小于 50%。因此，必须把开清棉清除异纤、人工检三丝与络筒机的电子清除异纤相结合，才能收到好的工效。

1 具有压力补偿的筒子架
2 直接驱动的导纱槽筒
3 槽筒防绕装置
4 单锭显示面板
5 Propack FX*电子防叠装置
Variopack FX*弹力纱筒子成形优化装置
单锭控制系统
6 具有上纱传感器的大吸嘴
7 捕纱器
8 传感器蜡饼监测的上蜡装置*
9 Autotense FX*纱线张力匀整装置
10 Ecopack FX*纱线精密定长装置
11 电子清纱器(非赐来福产品)
12 捻接器
13 电磁式纱线张力盘
14 带有盖板的小吸嘴
15 下纱传感器
16 管纱除尘系统*
17 管纱喂入装置
*选配件

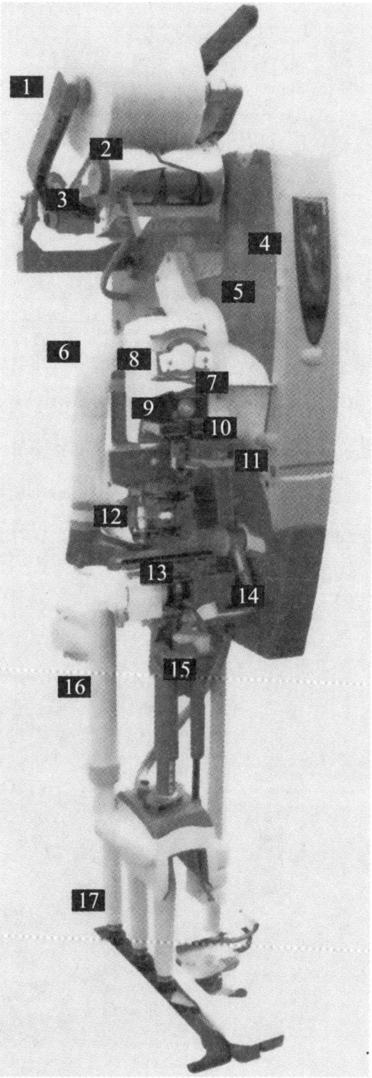

图 2.1　自动络筒机单锭图

目前市场上允许的织物染疵数为：每 20 kg 针织布里允许有 10 个染疵；每 100 m^2 机织布允许有 33 个染疵。

目前，乌斯特 QUANTUM 电子清纱器已发展到光电型数码式 QUANTUM3，对异纤的检测功能大大提高。

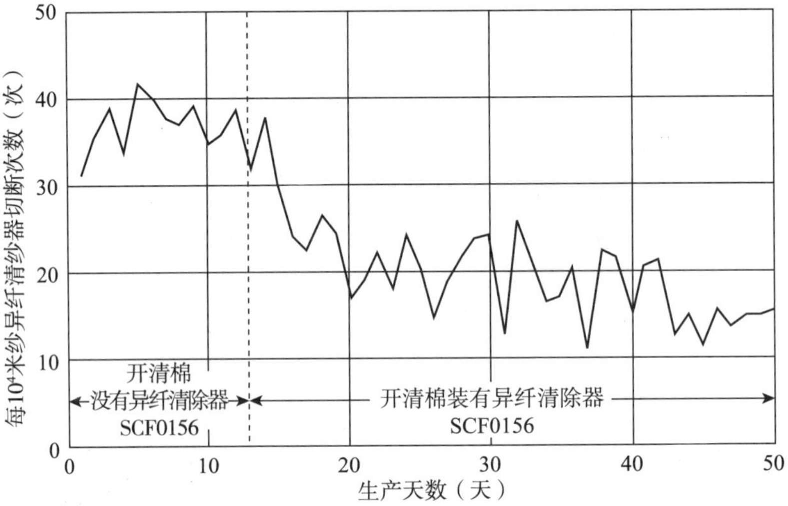

图 2.2　开清棉清除异纤与络筒机的电子清除异纤相结清除异纤的效果

5. 数控空捻接头

新的标准要求空捻接头后无接头痕及接头处强力达到纱的平均强力，这是现代市场对纺织品提出的新要求，不仅对环锭纱而且对转杯纱也提出了这种高标准要求。1999 年巴黎 ITMA 的接头标准是接头处直径是原纱直径的 1.2 倍，这一规定已不能满足市场的要求了。新的络筒机用空捻器接头技术后，接头纱外观及强力与原纱基本一致，这对提高原纱和织物质量，提高生产效率有显著作用，亦相应降低了成本，为环锭细纱机提高车速创造了条件(如减小钢领直径，提高纺纱速度)。目前环锭细纱机速度已高达 25 000 r/min，这与络筒机用空捻接头有密切关系。(图 2.3)

图 2.3　数控无接头痕空捻接头器

6. 欧立康-赐来福 Autoconer 5 S再卷绕的自动络筒机是 Autoconer 5 与 preciFX 结合的新型自动络筒机,可生产机织/针织用筒子纱,也可加工任何自络机的筒子纱,是生产高档织物必备的再卷绕络筒机。Autoconer 5 S再卷绕络筒机具有多功能的特点,可在卷绕前对纱线进行预清洁,使卷绕质量进一步提高。机上装有 FX 高性能模块转换器、上蜡装置及赐来福的接头装置。不仅产量高而且易于操作,并有人机对话工艺设计的功能,使生产的产品可满足下游工序高质量的要求。Autoconer 5 S是全新设计的再卷绕自动络筒机,通过再络纱来提高筒子的卷绕质量。

第二节 细络联

1. 将环锭细纱机与 Autoconner 自动络筒机相联接形成自动生产线,在自动生产线上装置了在线质量监控系统,可对在机的全部环锭管纱逐个进行在线质量监控。监测仪上贮存了细络联生产线中环锭细纱机的锭数及其编码,被自动络筒机电子清纱器测得的细纱质量数据能准确反馈相应的环锭细纱机锭子上的纺纱质量问题。由于细络联自动生产线上具有自动检查疵点的功能,因此对提高细纱机运转效率,降低细纱断头,提高细纱质量,减少疵点具有十分显著的作用。此外,细络联自动生产线还可节省人工,提高生产效率,因此,发展细络联自动生产线是今后的发展方向。

2. 细络联的节约效果。如果将 1 008 锭细纱机 与 1 440 锭细纱机长车相比较,14 台 1 440 锭合计为 20 160 锭,可取代 20 台 1 008 锭的细纱机;14 台 1 440 锭细纱机可配 14 台自动络筒机(34 头/台),相当于 20 台 1 008 锭细纱机(20 160 锭)配 20 台自动络筒机(24 头/台),两种形式占地面积分别是 2 990 m^2 及 3 415 m^2,两者相比较,1440 锭机比 1008 锭机可节省费用 10%,节约 5%的生产成本,减少 14%的占地面积。

图 2.4 细络联

如果采用 1008 锭的长车,则 20 160 锭规模的纺纱厂共需 20 台细络联式细纱机,与 420 锭普通环锭细纱机同等规模相比较,可节约投资 20%。

第三节　整经机

1. 贝宁格整经机：贝宁格整经机全部系统的设置可生产出高质量的经轴。优化生产工艺的控制可使生产稳定，费效比显著。贝宁格公司常年积累的经验及知识使整经机在应用新技术方面有了进一步的发展，在市场上具有很大的竞争力。

在 2007 慕尼黑 ITMA 上，贝宁格展出了新的设备，包括新型分条整经机，机上配有改进的单纱纱线张力器；新型的再生储能器，用来保证织布生产中的稳定性；还有贝宁格最新的滚筒干燥器，这是世界上第一个干燥工艺新技术。

贝宁格机器对于修补磨损的织物的开幅处理技术是世界上的创举。从前一届 ITMA 起，四年来贝宁格机器已有了很大的改进与提高，新的生产线设计中减少了对用于纺织品加工的新水的用量及废水的处理量。

2. 贝宁格公司展出的 VERSOMAT 分条整经机，设计有 robot，可使分条整经机的纱条宽度为 4 mm，并在纱架上配有单纱张力器，保证纱线之间及沿纱线长度方向上的张力均匀。

VERSOMAT 分条整经机具有以下特点：

(1) 分条纱的宽度为 4 mm 或 12～24 根纱(根据纱的细度)；最多分条纱的的根数为 480～560 根，分条纱的宽度为 150 mm。VERSOMAT 可通过细微调节适应各种产品。

(2) 经纱的分离时间为 7 s/次。

(3) 分条整经机的最大速度为 750 m/min，可根据纱线的性质优选速度。

(4) 为了保证正常生产时在纱架与机器之间的纱线张力稳定一致，应用纱线张力控制系统来控制经轴的张力，以保证经轴的质量。

(5) 工作宽度一般为 2 200 mm，织造服装的宽度为 3 600 mm 并要考虑织物的覆盖性。

(6) 刹车距离仅为 0.8 m。

其他还有卡尔·迈耶尔公司的织前准备技术也是十分理想的。

第四节　浆纱技术的发展

现代浆纱机生产的织轴可以满足现代织机运转对经纱质量的要求，包括短纤维纱及长丝。现代浆纱技术的进步包括：现代控制技术、重复性生产、最佳产品质量、分单元传动、精密的检测系统及容易操作等，还有浆前预加湿技术的应用，可显著减少上浆量并提高织机效率。精密控制上浆使织轴质量提高，人工或自动控制的重现性使织机效率及质量提高。在 2007 慕尼黑 ITMA 上，贝宁格、津田驹等公司展出了反映现代浆纱技术进步的产品。

1. 津田驹公司在 2007 慕尼黑 ITMA 上展出的无接触垂直片纱牵引进烘房的技术，对高速喷气织机提高效率及质量很起作用。如高速喷气织机要求经纱具有一定的回潮率及伸长率、毛羽少、纱线断头率低等，津田驹的浆纱新技术都可满足。津田驹生产的 HS40 浆纱机超过了传统的浆纱机，它具有新的结构及对浆槽、烘干滚筒的控制系统等，该机加工的经纱质量好，可供喷气织机用。HS40 浆纱机的特点是：采用无接触垂直片纱牵引进烘房技术、双浆槽系统、浆液混合及再循环体系、对片纱均匀烘干体系，再循环体系可使毛羽达到理想的伏贴，纱线与再循环滚筒的接触长度显著增加；多单元传动的张力控制使纱线伸长小而精确；机上应用 MDS-e 机器数据控制技术，改进了操作，使操作简单，任何浆槽的罗拉都可很方便地调整。

津田驹参示的 KSX 新型长丝浆纱机，为高速浆纱机，浆纱质量高，配有精密的张力控制系统，应用津田驹先进的电子技术，是由 KSH 系列移植到 KSX 浆纱机上的。单丝上浆系统可加工细旦长丝，多功能的加工能力可对各种长丝上浆，即使是无捻长丝也能加工成高质量的织轴。这种新型长丝浆纱机可满足生产各种品种的产质量要求，它具有低张力的控制系统，张力控制在 40 N 以下，张力控制范围大而稳定。在自动运转控制中，可控制烘房内的热空气温度，使片纱达到很好的干燥；该机产量高，运转速度有 300、500、600 m/min；操作及维修都很简单，通过转化控制器使热空气循环，节能效果好。

2. 浆前预加湿技术。在经纱上浆前，将经纱以热水浸渍同时水洗经纱，使经纱表面达到较好的上浆效果，减少毛羽，增强纱的断裂强力。

贝宁格公司的浆前预加湿技术显著降低了上浆率，减少了上浆费用。此外，由于纱线经过预加湿后毛羽减少，可减少喷气织机的停台，提高织机的效率。与任何浆纱生产一样，在纱线预加湿处理时，必须减小从后面的经轴牵引到水槽的张力，较低的纱线张力使纱线吸收水液增加，减小纱线的伸长。可分别选择及控制纱线浸渍在热水槽里的张力，从而减小纱线张力。

3. 自动控制系统在浆纱机上应用很广，特别是浆槽的温度、浆液浓度、黏度及经纱张力的控制等，还有多单元传动系统及多浆槽片纱上浆等。

4. 日本津田驹生产的 TTS205 系列浆纱机是最新式的高级浆纱机，车速可达 150 m/min，最大压浆力 50 kN，应用 AC 矢量多电机传动，可节电。它是在 HS40 的基础上研制开发的新型浆纱机，该机同样采用将浆好的经纱垂直引入烘燥区的方式，纱线上的浆液沿着纱的轴线均匀分布在纱线周围，使形成的浆膜及上浆量比水平引进烘房的方式更为圆滑及均匀。在 2010 年 6 月上海 ITMA Asia 和 CITAME 上首次展出(图 2.5)。

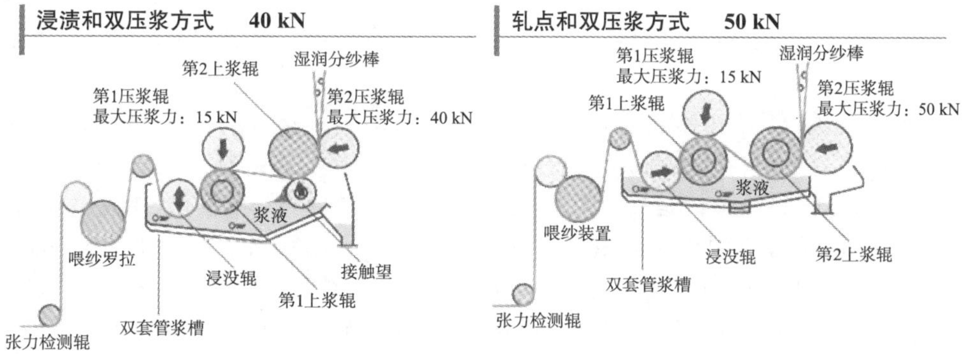

图 2.5　日本津田驹 TTS205 系列浆纱机

第五节　自动穿经机及结经机

现代经纱的穿经及结经等动作已实现全自动化，应用机器人完成自动穿经任务，比人工穿经的速度快且适应性及质量好，每分钟可穿 200 根经纱(包括穿综及穿筘)。2007 年在慕尼黑 ITMA 上展出了许多自动穿经及自动结经机，最新的自动穿经机具有许多新的技术特点：可以穿多片经纱，并能在穿经前检查规格及每根纱的颜色，防止错穿，最大限度地减少疵点，提高经轴质量。结经机也有许多改进，在结头前应用光电传感器对纱线进行检验，以防止双纱等疵点纱结入。新的结经机最适于结中、粗支纱。

经纱在浆纱后还要经过一些准备才能上机织造。高档时装面料的经密很大，要求经纱在织造时开口清晰，对经轴质量及经纱开口的要求很高。当开始生产新的织物品种时，需将经纱重新穿入织机上的一些专件与器材，如综丝、停经片、钢扣等。结经机的作用是使原织物品种继续生产，而老经轴用完更换新轴时，要把新旧经纱结起来。

全自动穿经机及结经机的特点是速度快、自动化水平高、穿经及结经质量高、可防止综丝内双纱并消除穿经图案中重复出现的错误疵点。在慕尼黑 2007ITMA 上展出的全自动穿经机及结经机有 Staubli 等公司开发的新产品，这两个新产品不仅自动化水平高，而且织前准备的质量水平也大为提高。

1. Staubli 公司展出了新的 SFIR 全自动穿经机，取代了原自动穿经机。经过 20 多年的研究与试验，SFIR 自动穿经机具有许多新特点，可适应多种织机，可以穿多片经纱综框吊综组件，并可在穿经之前检查每根经纱的粗细及颜色，这个功能可防止综丝内出现双纱，并消除穿经图案中重复出现的疵点。每根经纱由穿经机上的真空抓钳抓取以完成穿经动作。穿经机上配有光电系统，以控制自动穿经动作。双纱检测器可防止任何两根纱绞在一起。主要技术数据包括：可将 1 片或 2 片综 8 列经纱穿入综丝眼里，每分钟可穿 200 根经纱；每根经纱要穿两根不同的综丝，每厘米可穿 50 个筘；具有自动双纱检测及对色纱颜色的鉴别功能；显示器自动监控图案颜色的循环。新型 Staubli 自动穿经机不仅能穿粗支纱，还可穿细支纱，最适于穿中、粗支纱，是很理想的自动穿经机。现代电子技术使自动穿经成为现实，而且在穿经前光电传感器可分别检测每一对纱的情况，将纱疵检测出来并予以纠正。这是 Staubli 自动穿经机的专利技术，可很可靠地完成纱疵检测任务并且不需要特别组件，也不需要进行专门的调节，能保证不会有双根纱同时穿入一个眼里。

自动穿经机技术的进步不仅提高了穿经效率，而且使穿经质量也大为改进，是织前准备的重要发展。

2. KNOTEX GMBH 在慕尼黑 2007ITMA 上也展出了其新型结经机。该公司具有 55 年的历史，是世界上最早的结经机制造公司，生产全自动及半自动穿经机。

3. Titan 的 KM 型结经机是唯一对每根经纱进行两次检查的结经机，这是该结经机的优点，其作用是检查双纱。KM 型结经机具有电子程序控制及先进的性能，可加工各种品种、纱支的纱线。机器有多种形式，有用分经装置，也有不用分经装置的，可连续对每根经纱进行选择，独特的双选择系统能保证在分经时把双纱分开，应用调节系统可调节单根纱或双根纱结头，在分纱部分配有双纱检测器，在穿经时可发现双纱。高科技的自动穿经机及自动结经机使织前准备的产质量有了很大的提高，节省了用工，使织造全自动化又大大地向前推进了一步。

第三章

现代无梭织机的发展

在慕尼黑2007ITMA及巴塞罗纳2011ITMA上展出了许多高速织机，其中剑杆织机展出的数量最多，特别是柔性剑杆织机，喷气织机居第二位，其他还有片梭织机、圆织机等。剑杆织机的主要共同特点是：能减少停台时间，改善织物手感、能耗低，运转性能稳定；废纱少，快速换经轴及品种；零配件消耗少，维修简单，使用寿命长等；产品的生产简单及适应性好，可根据市场需求快速高效地改变产品。剑杆织机应用了电子计算机及在线电子通讯等先进的微电子技术后，以品种适应性好，可应用任何纬纱生产各类织物，不仅可生产一般的服用织物，而且向阔幅、提花、毛圈等织物发展，如必佳乐公司的喷气织机可生产宽度为5.4 m的阔幅织物。

第一节　喷气织机的新发展

喷气织机的转速、引纬率与所生产的品种、幅宽相关，生产轻薄织物与厚重织物、宽幅织物与普通宽幅织物的织机转速及引纬率都不相同。生产厚重牛仔布的喷气织机转速已达850 r/min以上，生产高档电子提花装饰织物的织机引纬率已达到2 800 m/min。

提高喷气织机的引纬率，除了要解决主辅喷嘴在计算机控制下电磁阀高频率开启、闭合技术之外，贮纬器及停止指的停止与释放动作必须有相应的改进与提高。在计算机程序控制下，贮纬器停放纬纱的动作与主喷嘴喷射气流的电磁阀开启与闭合动作十分协调。

1. 喷气织机的高速引纬和变频调速

为了配合高频引纬，打纬运动系统的部件一方面提高了刚度，另一方面打纬往复运动十分平稳而精确。为了提高喷气织机高速运转的灵活适应性，新型喷气织机都采用了变频调速，而且电动机可以正反转及点动。

2. 喷气织机自动控制系统的改进

由于喷气织机采用了微电脑技术以及其他电子检测技术，对全机的运动进行控制，尤其对产品质量的自动监控，使喷气织机的生产效率大大提高，可达到95%以上，并且产品质量得到保障，下机一等品率达到98%以上。机上安装了许多监控传感器，使织机本身具有自动运行及程序控制的功能，形成了许多转动联接的微电子自动控制系统。机上装有主控制板，经微机进行程序控制及质量控制，由计算机形成喷气织机自动控制及通讯网络系统，其主要功能如下：

(1) 电子送经。在经轴胸梁上设置传感器，可通过电子送经系统精确调节经纱张力；为避免开关车造成稀密弄疵点，还专门配有开关车稀密弄防止系统。

(2) 电子自动落布的程序控制适于各种纬密织物及大直径布轴的落布。

(3) 电子控制纬纱张力。在保证完成引纬的条件下，尽量选择较低的喷射力，达到柔和引纬，以减少纬纱断头和压缩空气消耗。

(4) 经纬纱断头自动检测系统。一般纬向断头传感器沿整个筘幅设置两个或两个以上，用以监测纬纱引纱失败(包括断纬)造成的停台；经向断头自动检测系统可报告及指示经纱短头并等待处理。

(5) 经纬纱密度及织机速度的自动控制，可在运行中按照有关信息进行在机调整。

(6) 自动纬纱修复及自动卷绕监测系统，可以消除无故停车，保障织机正常运行。

(7) 电子选纬选色(4～12 色)。按照计算机软件要求选择不同品种或颜色的纬纱进行引纬。

(8) 机器的全部信息可在屏幕上自动显示并贮存各种生产数据，数据传递功能可将生产数据与中央计算机数据库连接，实现网络信息贮存。

(9) 电子自动维修体系，可自动修复故障(如自动纬纱修复)后自动开车。

3. 人机对话及自动工艺变换系统

(1) 纬密变化不必调换齿轮，翻改品种得到简化，如纬纱颜色选择及纬密变换都可借助于电子控制系统完成。

(2) 电子程控快速改变品种系统。

(3) 人机对话：高度发展的电子技术使喷气织机准确运转，操作简化，只要揿揿电钮即可运行。人机对话属于电子人机工程学范畴，它以语言软件的辅助功能来取代难以理解的人的语言，进行对机器的程序控制。

(4) 在线自动检测织物疵点功能：可以根据计算机系统在线检查织物疵点并以简单的语言显示，可快速发现织物疵点并与电子模拟疵点相比较，从而进行分类。

(5) 电子多臂与电子提花系统的配置，使喷气织机花色品种的适应性有很大提高。电子提花织机的运转速度及引纬率也大大提高，引纬率达到 2 800 m/min。

(6) 自动卷绕机构的开闭系统及纱线卷绕脱圈控制系统可实现织造中纬纱无接头。

未来喷气织机的自动控制技术将进一步发展，织机产量、质量及花色品种将得到进一步提高与发展。

4. 模块化技术

模块化技术在喷气织机上的应用，可优化织机的工艺及专件，使织机运转性能好、产量高、效率高、产品质量好、能耗及噪声低。以必佳乐的喷气织机为例。

(1) 必佳乐喷气织机的设计主要有三个基本规范：具有高的性能、高的织物质量及全模块化的设计。所有的机件都利用模块化技术进行优化，以达到提高织机速度及织物质量，降低噪声及能耗，提高运转效率高的目的。这种织机利用模块化技术进行全新的优化设计，保证织机的稳定运行。

(2) 新的 OMNIplu800 喷气织机设计应用了各种模块化技术，如固定的及移动式主喷嘴就是采用模块化设计，使纬纱通道增加。为了降低能耗，主喷嘴采用固定与移动混合式，提高了引纬能力，降低了压缩空气的消耗量。

(3) 喷气织机的主喷嘴已由单喷嘴改为双喷嘴、四喷嘴，对于一定的引纬频率、一定的织机转速，多主喷嘴上电磁阀开闭运动的频率可以相应降低，使喷气织机主喷嘴的引纬频率可大大提高。

（4）利用模块化技术使必佳乐 OMNIplu800 喷气织机具有许多独特的优势，可减少织机的停台时间。如自寻纬系统，快速换品种及换经轴系统（QSC），快速组装机器，快速安装经轴及布辊，迅速地从左右两侧改变布幅，应用微处理机可节省确定梭口及布边占用的时间，所有这些都节省了高速织机的停台时间，提高了生产效率。

（5）其他先进的喷气织机也大都应用模块化技术，提高了织机的运转性能，如多尼尔、津田驹、舒美特等。

5. 喷气织机的品种适应性

喷气织机的品种适应性经过 20 世纪后 20 年及 21 世纪以来的发展，在布幅宽度、织物厚度及色织等方面都已赶上或超过了剑杆织机及片梭织机。

（1）布幅：由于喷气织机主辅喷嘴喷射压力的进一步提高，经主喷嘴气流推动后的纬纱在织口中不断受到辅助喷嘴的接力引纬，使织机布幅大大加宽。从 1999 年巴黎及 2007 慕尼黑 ITMA 上可看到，布幅宽度从 1991 年以前的 190～280 cm，发展到 1999 年的 400 cm 左右，如必佳乐 OMNIplus 型喷气织机有 190、220、250、280、340、380 及 400 cm 等；多尼尔 LWV、LTV 型织机的布幅宽度在 150～430 cm，舒美特 Mythos 型织机的有效宽度为 190～400 cm；津田驹 ZAX 系列幅宽为 150～390 cm；居内喷气织机的有效宽度为 180～360 cm。在 2007 慕尼黑 ITMA 上展出的多尼尔喷气织机的布幅已由 400 cm 增加到 540 cm。

喷气织机幅宽的增加，在织造许多品种上都可以取代剑杆织机及片梭织机，如阔幅被单布、提花装饰布等。随着时间的推移，喷气织机的织造幅宽还会有所增加。

（2）多色引纬：剑杆织机以多色引纬生产色织布为优势，但经过 30 年的发展，喷气织机已配备了由计算机软件控制的多色引纬系统，引纬颜色从 4 色至 12 色，可根据织物要求任意变换纬纱颜色。喷气织机的多色引纬及电子多臂、电子提花等技术的应用，为生产各色提花织物提供了必不可少的条件。提花机或普通多尼尔喷气织机可应用 8 色引纬，也可有 12 色引纬。根据不同的需要，多尼尔喷气织机可织家纺织物、服装织物及产业用织物等。

（3）纬纱种类的选纬：现代喷气织机可根据产品品种的不同选用不同性质、不同原料的纬纱，从化纤长丝到化纤短纤纱，从纯棉纱到各种化纤纱（涤纶、腈纶、丙纶及黏胶纤维等），从羊毛纱到玻璃纤维纱，从环锭纱到转杯纱或喷气纱，从低支纱（4、6、8、10 英支）到高支纱（60、80 英支等），从单纱到股线，从普通纱线到各种花式纱线，如雪尼尔纱及粗毛纱等。纬纱还可应用各种花式线，如雪尼尔纱及粗毛纱等，织造纬密一般为 50～1 400 根/10 cm。

（4）电子多臂及电子提花技术的应用：如果喷气织机仅应用凸轮开口系统，织造品种有很大的局限性，只能织造一般的平纹、斜纹坯布，而应用了电子提花、电子多臂等开口技术后，织物品种的适应性大大提高。在 2007 慕尼黑 ITMA 上，展出了许多应用电子提花及电子多臂技术的喷气织机，如多尼尔电子提花钩针已在 10 000 钩以上，津田驹应用了正反向电子多臂及电子提花开口装置，必佳乐也增加了各式电子开口系统。

电子提花技术是将花纹编成软件以计算机控制钩针的上升与下降，速度可大大提高，引纬率达到 2 800 m/min（德国多尼尔喷气织机）。电子提花可以做到无综框提花。应用了电子提花、电子多臂开口技术及多色引纬技术后，喷气织机织造的品种已发展到色织布及各式豪华装饰织物，如室内装饰布等。在 2007 慕尼黑 ITMA 上，大约有 50%的喷气织机已装有电子提花装置及电子开口机构，加工产品从轻薄织物到厚重织物，从平纹布到装饰布，从宽幅织物到带类织物，纬纱从短纤纱到长丝纱，纬纱可有 6、8 及 12 色等。

6. 织物重量及品种范围的扩大

(1) 喷气织机既可织造细支高密的轻薄高档衣着面料,又可织造粗支高密牛仔布系列的重磅织物,如津田驹织机,织物面密度从 34～540 g/m^2 都可以织。

(2) 用喷气织机生产牛仔布要做一些必要的改进,如津田驹、必佳乐等公司加固了机架及相关的打纬系统零件,增大了主喷嘴压力等。ZAX 系列的喷气织机不仅可生产普通服装布、高级羊毛织物、衬衫用织物、高密织物,而且可生产厚重型牛仔布、高支轻薄型织物、玻璃织物、工业用布等。在长期制造喷气织机的经验指导下,津田驹公司根据加工不同织物的要求,可生产不同技术的喷气织机。

(3) 应用喷气织机可以将各种花式纱线,如雪尼尔纱、毛圈纱做纬纱,生产各种装饰织物及服装面料。

(4) 近 30 年来喷气织机在织造品种适应性上取得了巨大进步,由于阔幅、色纬、电子多臂、电子提花及一些必要的改进,品种的适应范围已扩大了许多,织造的织物从轻薄的高支、高密织物到粗支高密织物,从简单的平纹到有豪华图案的装饰布,从阔幅床单到毛巾及标签等均能适应。世界上第一台喷气织机的筘幅宽度仅为 45 英寸,约在 1960 年投入运转,而现在的织物宽度已是过去的 3.5～4 倍。

(5) 目前许多类型的高质量织物都可在喷气织机上生产,应用曲轴、凸轮、电子多臂、电子提花等开口装置,在受控的电动机控制下可生产出各种独特外观风格与奇特色彩的织物。在 21 世纪喷气织机将在许多纺织领域广为应用,并取得比任何无梭织机更快的发展速度。

(6) 津田驹 ZAX9100 喷气织机是专门生产毛巾的喷气织机。ZAX9100-Terry 在织机速度、多品种适应性、产品质量、节能及可操作性等方面都具有特别的优势。津田驹具有丰富的喷气织机生产毛巾的经验。

经过近 30 多年的发展,喷气织机技术有了很大的进步,速度高、效率高、产量高、质量好、产品适应性广。过去只能在剑杆织机及片梭织机上生产的品种,现在大都可以在喷气织机上生产。由于喷气织机速度高,因此许多发达国家纷纷以喷气织机取代剑杆织机及片梭织机。

7. 喷气织机的其他进步

近 30 年来喷气织机除了在提高车速、提高自动监控能力、提高品种适应性外,在提高运转效率、节约原料方面也做了许多改进,如采用大织轴、快速更换品种及改进布边等。

(1) 喷气织机的织轴是由浆纱机供应的,1999 年巴黎 ITMA 以来经轴都已经加大,一般直径已达到 1 100 mm以上,舒美特的经轴直径已加大到 1 600 mm。

大经轴可以延长织造时间、减少换轴次数及换轴停机时间。当经轴直径由 1 016 mm (40 英寸)增加到 1 270 mm(50 英寸)时,纱的容量增加 1.6 倍;经轴直径增加到 1 600 mm(63 英寸)时,纱的容量比直径为 1 016 mm(40 英寸)的织轴增加 2.4 倍。换轴次数显著减少,织机停台时间减少,提高了织机运转效率。目前新型喷气织机采用 1 600 mm(63 英寸)直径的织轴越来越多。

(2) 快速换轴技术:实践证明,换轴对喷气织机效率的影响很大,一般换一次轴要 1 h 以上,每个轴最多可织 2～3 d,因此必须采取措施减少更换经轴及改变品种的时间。工作人员事先在穿筘间完成穿筘任务外,还可清洁钢筘。据统计,综筘不清洁会使 2%～5%的经纱产生布机经向停台,占整个经向断头的 80%。为了做好上机前的穿综筘工作,喷气织机要有 25%～35%的经轴贮备。

(3) 喷气织机快速更换品种装置 QSC(Quick Style Change)是模块化技术在组织生产上的应用,只需一个极小的变动即可改变品种,将喷气织机换轴准备与织机准备工作都事先做好,换轴时间仅为 30 min。当然,这种换轴动作是自动化机构及织机运转辅助机构完成的,也有人工的。QSC 装置既提高了织机效率,又可以根据用户需求灵活及时地调换品种。津田驹、必佳乐、舒美特等系列的喷气织机都配备了自动换轴、变换品种的机构。津田驹 TSC 品种快速变换装置可使品种变换按照要求在短时间内由 1 人完成。

以往无梭织机上使用自动结经机只适于一个品种的换轴,不适于更换品种。自动结经机加工质量不十分理想,有错结情况发生,必须在 2~3 次自动结经后进行人工穿筘、穿综整理,所以自动快速换轴技术十分重要。

(4) 传动系统的改进:有些喷气织机采用变频调速电机直接传动主轴,简化了传动机构,取消了传动带、离合器及刹车装置等,提高了传动统率,减少了能耗。如必佳乐 OMNIplus 喷气织机,采用专用的主电机 SUMO 直接传动织机主轴。

第二节　剑杆织机的新发展

多年来,计算机等先进技术的应用取得了连续的进展,使织机性能不断改进。许多剑杆织机已应用多色纬纱选纬,不仅可以织造高级的羊毛、棉、人纤、丝、麻纱,而且还可织造花式纱,同时在优化机器性能后还可织造金属丝织物。因此剑杆织机是目前世界上两种流行的织机之一,取得了很大的发展。剑杆织机的功能更好、更精确,机器性能也大幅提高,是普通有梭织机进行技术改造的替代机型。

1. 必佳乐剑杆织机

必佳乐是制造剑杆织机及喷气织机的主要公司之一。它在慕尼黑 2007ITMA 上,展出了 15 台剑杆织机及喷气织机,包括新生产的 OPtiMax 剑杆织机,这是最近在欧洲才问世的新型织机,在 2007 慕尼黑 ITMA 上第一次展出。此外,还有 OMNIplus800、OMNIjet 及 TERRYplus800 等喷气织机,也作为新产品展出。必佳乐采用了模块化设计,不同的织机可采用同一种开口机构,而不管布边组织如何不同,或是多轴织造、平布边或网状布边,还可以将凸轮箱改成多臂或提花,根据市场短期的需求变化而改变。

必佳乐剑杆织机的特点是:从织造开始到结束完全控制引纬动作并可一直在最佳条件下引纬,从而在高速条件下使纱线浪费最少,保证最佳的织物质量,能耗低、效率高。

必佳乐剑杆织机的特点如下:

(1) 优化的开口几何尺寸及夹纱器引纬或无飞行引纬系统的工艺关系,织机引纬速度达 1 700 m/min,可以很好地完成引纬。

(2) 在引纬侧装有显示屏及人机对话面板,可通过键盘方便地设定、查看工艺及生产动态情况。

(3) 筘幅有 190、210、220、230、250、300、320、340、360、380、400、430 及 460 cm。

(4) 电子设定开口工艺。

(5) 幅宽调节方便。

(6) 应用 SUMO 电机直接传动主轴。

表 3.1　必佳乐剑杆织机举例

机　型	开口形式	引纬颜色	布幅(cm)	织物种类	引纬率(m/min)
OPTIMAX8-R340	电子多臂	8	340	薄型花色布	1 700
OPTIMAX8-190	电子多臂	8	190	衬衫布	根据织机及风格
OPTIMAX4-R360	电子多臂	4	360	牛仔布	阔幅
OPTIMAX4-P460	凸 轮	4	460	涂层布	
OPTIMAX8P250	凸 轮	8	250	薄纱布	
OPTIMAX12-J190	电子提花	12	190	女式外衣布	
OPTIMAX6-R220	电子多臂	6	220	精梳羊毛布	
OPTIMAX6-R190	电子多臂	6	190	衬衫布	1 000

2. 多尼尔剑杆织机

(1) 多尼尔织机具有独一无二的的优势，包括剑杆织机和喷气织机在市场上都很受欢迎。虽然引纬方式不同，但两种机器采用坚固的模块化结构的设计，电气、运转及维修都相同，机器都是标准化的，效率高，运转费用低，通过简单的改装可扩大应用范围，减少零部件库存及资金。多尼尔剑杆织机的引纬张力低，可适用于各种纱。

(2) 多尼尔剑杆织机采用的是刚性剑杆，因此在织口中不需要导向元件，从而保证了经纱具有柔和的手感，尤其是长丝纱。许多产业用纱在织造时需要低的引纬张力，尤其是不能有张力峰值。

(3) 多尼尔推出的新型 PTS 型剑杆织机可以织造高质量的织物，如衬衫布、装饰用布等。多尼尔新型剑杆织机可根据市场的需求快速地变换品种。

(4) 多尼尔剑杆织机采用各种不同的纱可生产出一流的高质量织物。多尼尔新型 PTS 剑杆织机可满足较高的需求，如：剑杆织机许多性能的结合可使织机的生产率达到高水平，而且使织机具有较高的适应性、灵活性。PTS 型多尼尔剑杆织机是织机改进的方向，使市场竞争能力增加。

(5) 从 1967 年起，无梭的剑杆织机以无可比拟的产品质量问世，经过不断的发展，织机的引纬系统、中心纱线传递系统等有了很大的进步。PTS 型机构可装在凸轮、多臂及提花普通织机上，幅宽为 150～430 cm。

(6) 应用范围很广，可用高质量的长丝织造高档装饰布，以 16 色纬纱及 20 000 钩电子提花及粗支纱织造涂层布，经纬密为 0.5 根/cm 或更少。

表 3.2　多尼尔剑杆织机举例

机　型	开口形式	纬纱颜色	织物幅宽(cm)	织物种类	引纬率(m/min)
PTS 16/J	电子提花	16	180	高质量装饰布	875
2T-PTS12/L	电子多臂	12	190	装饰布及色织布	700
PTS16/S 20	电子多臂	16	190	衬杉布织标签布边	975
PTS2/S 20	电子多臂	2	180	防弹织物	800
PTS8/j	电子提花	12	190	装饰/服饰布	—

3. 斯密特(SMIT)公司的剑杆织机

意大利是生产剑杆织机的主要国家之一。意大利斯密特(SMIT)剑杆织机的特点如下：

(1) 斯密特推出的新系列剑杆织机有可织平织物及毛圈织物的 GS920、GS920F、GS920T 及喷气织机 JS9000 等。将 HW 及 SW 相结合，改善了机构的特性，从主传动伺服电机可优化能源消耗并且有较大的扭矩，能保证在任何技术应用上都有很好的织物质量。采用计算机可控制纬纱管理、开口运动及各种织造辅助功能，扩大了电子应用平台与模块化设计的联合，特别是在代用品方面。应用 CANBUS 软件分系统地将内部及外部连接起来。

(2) 人机工程设计可很方便快速地设定各种生产工艺参数及对机器运转的保护，尤其在 920 系列更为显著。SMIT 纺织器可发现织物底部的损坏并对开口运动进行监控，可根据不同的要求实现双向直接传动，以多功能的特点对终端产品的适应性。

(3) SMIT 最新的 GS920 剑杆织机通过对纱线负荷的控制，可保证优质布的质量及生产率且引纬率高。

(4) GS920F 型剑杆织机专门用于织制毛巾，机器设计制造得坚固耐用，织机采用计算机控制并进行一些改革，使其具有很好的性价比。同样的模块化概念使 GS920T 型剑杆织机在织造产业用织物时具有更广的功能选择及方案。

(5) SMIT GS920 系列织机还有如下特点：

① 具有对织机织造功能的控制(引纬管理、开口运动及其他辅助功能)。

② 采用 12.1TFT 技术的全新触摸屏监控。

③ 织机结构坚固，机器重量的分布使其在减少气动负荷的前提下十分稳定及高效，产品质量保证体系可提供产品的范围及可织造性，使投资回报周期加快。

表 3.3　斯密特(SMIT)剑杆织机举例

机器型号	开口形式	纬纱颜色	织物布幅(cm)	织物种类
GS920-S360N 12SP	电子多臂	12	332	高级屏幕
GS920-S200N 8SP	电子多臂	8	194	时装衣料
GS920-B260F 8J	电子提花	4	239	毛巾
GS920-B220N 8SP	电子多臂	4	182	高档牛仔布
GS920-S190N 12SP	电子提花	12	182	真丝围巾
GS920-S260 T 8J	电子提花	12	250	小汽车安全气囊
GS920-W 220N 8 SP	电子多臂	6	180	男式羊毛外衣料

4. 舒美特(SOMET)及范美特(VAMATEX)的新型剑杆织机

舒美特及范美特是两家较大的剑杆织机制造厂，多年来的技术进步在 2007 慕尼黑 ITMA 上展出，舒美特及范美特剑杆织机的成功之处在于提高了生产织机的所有标准。PROMATECH 织机的许多改进及发展是加强及提高了原来就很好的多功能特点(如 SOMET ALPHA PGA)及优越的性能并提高了产品质量、降低了能耗。

SOMET ALPHA PGA 可用各种纱织制很大范围的织物，采用了新的 PGA(积极夹持器靠得很近)引纬系统。织机具有高效、多品种及易于操作的特点，应用各种纬纱可生产许多品种的产品。

ALPHA PGA 织机可在高速下生产提花织物，车速达 1 400 m/min，9 600 只提花钩，silver HS 剑杆织机的特点是对一些部件作了改进，使剑杆织机的性能有了提高，运转速度为 750 r/min，机幅为 1 900 mm，可生产高质量的衬衫布。

提花装置采用 BONAS 公司的产品，不用带状导向钩，silver HS 的产量高，具有多功能性及较高的生产率。

5. 在慕尼黑 ITMA 上的新型剑杆织机

(1) 范美特 silver Dynaterry 毛巾织机是世界上比较成功的一种机型，它采用电子经纱张力控制系统，可生产高质量毛巾。

(2) ALPHA PGA 剑杆织机具有特别功能，它的引纬能力强，可用的纬纱范围广，主要是由于应用了 PGA 引纬系统(积极夹纱法)，机器运转效率高、性能好，易于操作。

SOMET ALPHA PGA 剑杆织机具有坚固耐用的机架及零部件，在慕尼黑 ITMA 上展出时有两种形式的提花机构：一种有 STAUBLI 电子多臂，生产家具装饰用布，引纬率 1 400 m/min，机上装有 9 600 只提花钩；另一种有许多特别的结构，引起了参观者很大的关注与兴趣。

(3) 范美特银色剑杆织机 SILVER-HS 是“echotronicsan” 的新发展，不仅是高性能的剑杆织机，引纬速率可达 1 900 m/min；车速 750 r/min，而且可生产高质量的衬衫面料。精确控制织造中的纱线重量，可进一步发挥其独特的潜力。机器的心脏是驱动系统，通过驱动系统可进一步提高运转效率及产品质量。

范美特银色剑杆织机 SILVER-HS 的提花机构——BONAS 箱表明，SILVER-HS 剑杆织机具有很大的生产能力，而且产品质量高。其提花机构在 LGL 箱中的 FTS 没有带式导纱钩，而是被一个多功能高产复合机构所代替。

(4) 范美特银色剑杆织机 DYNATERRY 织造的毛圈布是一种世界上流行的服装面料。其精密的机器设计使复合机构采用了新的经纱张力电子控制技术，可生产高质量的毛巾，设计不同的布边及不同的结构(毛圈高度及松软度)。

(5) P7300HP 型剑杆织机。在 ITEMA 上，四家厂商展出了新型剑杆织机，其中有三种主要引纬系统，展示了 6 台高科技织机，可用来生产各种高级时装面料及特种工业用布。

在这些机器中，SULTEXPROMATECH 公司的 P7300HP 高性能剑杆织机比较先进，主要用来织造产业用纺织品，特别是土工布。P7300HP 在第一次展出时就是生产产业用纺织品，可以认为 P7300HP 是生产产业用纺织品很理想的剑杆织机，特别是用来生产土工布。

① P7300HP 高性能剑杆织机具有很成熟的引纬技术，适于任何原料的纬纱，比任何其他剑杆织机的速度高 20%，可优化运动的程序及直接使剑杆加速，最大的引纬率达到 1 570 m/min。

② 不论短纤维纱、长丝或线带，也不论是简单的标准织物、时装面料、阔幅及厚重产业用纺织品等，P7300HP 高性能剑杆织机都可以生产。

近 10 年来，剑杆织机已生产了大量产业用纺织品，从轻薄的过滤布到高密织物及特别的抗撕裂织物，如热气球织物、极重的复盖织物及汽车安全气囊等都具有很高的质量。

③ 全世界许多国家、地区的纺织厂都在用剑杆织机生产牛仔布，并有了很大的发展。还用于织造大的聚丙烯袋及土工布等，P7300HP 型剑杆织机在产品质量及经济上都优于其他同类织机。

④ 成熟的技术设计及与计算机的结合，使 P7300HP 剑杆织机具有多功能及对品种的快速

适应能力，是 P7300HP 高性能剑杆织机的成功因素。如可以织像屏幕那样的很宽的阔幅织物，占有空间少而且节能。归纳起来还有如下特点：所有的织造系统耗能低；应用集圈织边技术可不要织造系统；有快速更换经轴及品种体系；零部件消耗低并且维修工作量低。

P7300HP 高性能剑杆织机应用了快速换经轴系统、编程容易、速度高，并具有显著的稳定性，因此产量高、生产效率高。在生产现代阔幅织物时的效率进一步提高，可织造许多幅宽的织物，使织机在较低转速时获得较高的引纬率。

⑤ P7300HP 高性能剑杆织机具有多功能性，织机采用不同的附件可生产不同的品种，以满足不同的需求，配以新的结合件可使织机的功能得到改进。在机器运转时，新的传动机构可节省动能，不论是装有 18 页综或 14 页综的多臂，开口都很方便、快速、容易。

⑥ P7300HP 高性能剑杆织机的产品质量很高，可生产高质量的提花布。在维护保养及服务方面，P7300HP 剑杆织机建立了新标准，易损机配件更换及加油周期都很长，机器十分稳定，性价比高，通过合理的计算可减少润滑费用。

⑦ 传动部分是低维护量的永久性润滑的球形轴承，有助于品种的更换及高度灵活性。P7300HP 剑杆织机上还设有防止灰尘飞扬的机构，保持机器的清洁。织机上还特别装有安全系统，可防止人身伤害及机械事故。P7300HP 的发展是需要研究进一步减少维护保养与服务的工作量，实现维护保养与服务工作的自动化。

⑧ 中国在 2008 上海 CTMTC 上展出了两台最新的剑杆织机 JWG1726 及 JWG1726J，都是很好的剑杆织机，机上配有完美的高性能电子控制系统，机器结构稳定，紧凑的智能运转反映了机器设计的先进性，还具有低能耗易维护保养的优点，表明机器的经济性及生产率高的特点。这两台剑杆织机的引纬率高(1 104～1 196 m/min)，布幅为 190～230 mm。机器具有很好的适应性，可生产高质量的布，适于织制轻、中、重各种织物，如：丝、棉、毛、亚麻、苎麻及人纤等。这两台剑杆织机都是电子多臂，8 色引纬；纱绒线密度为 5～500 tex 及 1.7～380 tex 长丝，布面密度为 20～600 g/m^2。

相信在 2011 年巴塞罗纳 ITMA 上会展出更新的无梭织机，无梭织机的自动监控技术将会有更大的发展。

第三节 自动验布机的发展

从 20 世纪 70 年代起就开始对自动验布进行研究，随着纱线及织物质量的提高、纺织生产过程自动化监控水平的发展以及减少了纱线在织造过程中应力产生的一系列问题，目前对全部织物进行综合性全面检验仍有必要。首先要检验织物的质量水平，其次是从检验出的问题中可及时发现生产中的故障等。

在线自动验布系统需在每台织机上都配备自动验布机构，提高了织机的造价。离线自动验布系统可以尽可能提高其验布速度，但不足之处是要另外增设装置及自动验布系统的单独传动系统，比在线自动验布系统占用的劳动力多。

1. 自动验布系统及其应用

瑞士蔡尔伟格尔-乌斯特公司于 1983 年开发了自动验布系统，在 1999 年巴黎 ITMA 上展出了乌斯特 Visotex 自动验布机并在一些纺织厂得到应用，但由于自动验布机价格昂贵，对织物检验范围有限，其发展受到限制(图 3.1)。

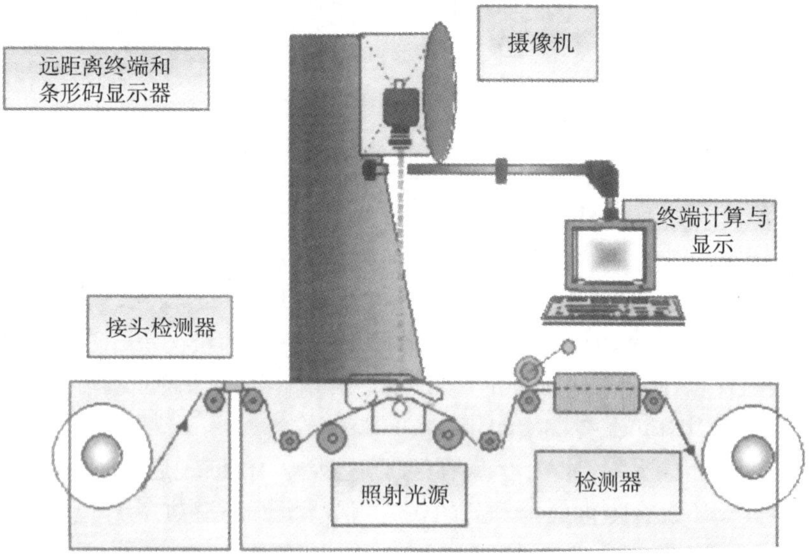

图 3.1　自动验布系统的运转原理图

目前国外已解决了上述问题，并在以下两项技术上有了新的突破。在发达国家，纺织生产过程已形成信息网络且具有灵活的适应性，自动验布机提高了对各类疵点的识别能力，可在很大范围内得到应用。

此外，由于计算机及微电子技术的发展，纺织企业应用了高性能可并联工作的微处理机，降低了对硬件的要求，费用大大降低。2007 慕尼黑 ITMA 上展出了新的离线自动验布系统。

自动验布系统为终端运行的检验过程，对一定数量的织物质量情况进行检验，并以条形码记录器读出或记录。各种数据的报告通过工序终端通道输出，复杂的图像通过应用印刷电路板加工完成，这是专门为验布系统设计应用的。经自动验布后，被检查出的疵点可在屏幕上显示以进行目光快速而简便的分析。

乌斯特自动验布系统织物扫描机构的最突出功能是像纱线分级那样，可以对所检验的布进行定等定级。织物检验机构上有两个轴，Y 轴是疵点的对比，X 轴是疵点的长度。这个系统可以报告有故障疵点与无故障疵点的区别，并将所有的疵点相关数据储存在数据库中，可按照需要报告有关的信息。

该系统可以节省劳动力，也可改进与优化验布的精确度，是现代大型纺织厂应当配备的设备。

2. 在线与离线自动验布技术的比较

(1) 在生产过程中，基本上有两种物理形式与自动验布系统相结合，一种是在线的自动验布系统与现有生产织机相结合；另一种是离线的，即将织物用小车运到自动验布机上单独进行自动验布。这两种形式各有优点及不足，在线自动验布系统比较简单，占地面积少，运转费用低，不占用较多的劳动力，布机挡车工可同时照看自动验布系统的工作；缺点是织机的速度与验布的速度相互影响，因此往往不可能很好地发挥在线自动验布系统的效率。

(2) 乌斯特自动验布系统 Fabriscan 可在验布速度为 120 m/min 时进行自动验布(离线)，可检验出 0.3 mm 大小的疵点，而在线验布的速度大约为 30 m/min，验布的宽度为 110～440 cm。

(3) 除了乌斯特自动验布系统外，在市场上流行的还有四种不同的对织物生产线进行质量监控的系统，即 I-TEX 主要用于替代人工目测，对机织及针织布监测；PRIN-TEX 用于对印染布疵点的检测；BROKEN 长丝分析仪主要用于玻璃纤维布的疵点检验，SHADE VARIATION ANALYZER(色调变化分析仪)主要用于检查印染布上色调的差异、不协调的疵点。

第四章

现代棉纺织生产在制品的离线质量监控

纺前准备工程的离线检测技术主要包括利用高科技仪器对原棉以及开、清、梳、精梳等工序的半制品、成品的质量检测。通过检测发现问题，并提供有关数据以便研究解决，达到把好半制品、成品的质量关，提高棉纱质量的目的。本章主要讨论 AFIS 及 HVI 棉纤维性能等检测仪在把好原棉及半制品质量关、提高产品质量中的应用，说明质量检测在纺纱生产中是不可缺少的重要环节。

现代棉纺织工程的质量管理，首先要有性能先进的纺织设备，具备速度高、产量高、自动化水平高、自动监控水平高及产品质量高的特点。在这个前提下还要具备在线及离线的检测仪器，能快速、及时、准确地对原料、半制品及终端产品进行各项质量指标进行检测及监控，发现问题及时反馈、及时解决，使问题解决在初始阶段，以减少损失，防止产生质量波动，实现对纺织生产过程质量检测与管理的高科技化。

第一节　离线检测仪的应用

离线检测的仪器很多，以乌斯特(USTER)公司生产的 HVI100 测试仪、AFIS 棉纤维性质检验仪、TENSOJET 高速强力仪、TESTER 5-S400 或 TESTER 5-S800 条干仪等的应用为例，其中 USTER TESTER 5-S400 及 USTER TESTER 5-S800 是该公司生产的精确测试与描绘有关纱线均匀度和常发性疵点的仪器；USTER TESTER 5-S800 的试验速度达 800 m/min，采用光电式传感器，可测试纱线的支数变异、细节、粗节、棉结及异纤。S400 与传感器 USTER OH 相结合提供了可重现和可比照的毛羽测试；S400 与 USTER OI 传感器相结合可用于测试条干均匀度，同时检测纱线中的杂质与灰尘颗粒；USTER TESTER 5 与 USTER 检测花式纱的功能相结合，可检测与分析竹节纱。总体而言，纺纱部分要监测及控制的质量问题有：棉结、毛羽、不成熟纤维、异纤、单纱强力、不匀率及纱疵等。

USTER HVI1000 测试仪、USTER AFIS 棉纤维性质检验仪都采用了模快化技术，同一台仪器采用不同的传感器可测得不同的信息。

1. USTER HVI1000 测试仪

HVI(High Volume Instruments)开始于美国农业对棉花纤维特性的检测，主要用于纤维性能的分析与定级。近年来这项技术得到迅速发展，在棉花生产、贸易及纺织领域得到广泛应用，它可对棉纤维的成熟度、细度、含糖率、棉结、杂质、单纤维强力及色泽、含杂、分等、分级等项目进行快速大容量检测，提供准确的检测数据。1998 年国际纺织生产联合会举办的棉花检验技术第 10 次会议正式向国际推荐使用 HVI 测试仪。该测试仪可用于棉纺厂定等定级及混棉排队等原棉管理，对棉纤维成熟度的检测结果单位为成熟度指数。对原棉品质的监测是搞好纺纱生产、提高纺纱质量的第一个重要的离线监测关口。USTER HVI1000 测试仪在原棉管理中发挥着很重要的作用，首先可把初加工的原棉进行质量检验及分等分级并输入计算机内，作为向纺纱厂或其他用户供应原棉的质量及价格依据。

2. USTER HVI1000 测试仪在原棉管理、仓储及混棉排队中的作用

经过 USTER HVI1000 及 USTER AFIS 棉纤维性质检测仪得到的结论表明：由于原棉及轧花初加工的一些工艺因素，使皮棉经过轧花厂加工后产生一定数量的棉结；开清棉是增加棉结的主要工序，梳棉及精梳是减少棉结的重要工序。除此之外，原棉生长受品种、温度、土壤、雨水及光照等条件的影响，棉纤维的成熟度与细度均有差异，会影响初加工及开清棉、梳棉等棉结含量的分布。因此，要利用 USTER HVI1000 及 USTER AFIS 测试仪对纺纱厂使用库存的原棉进行混棉排队，以达到按品种合理用棉，使生产保持较长时期的稳定。

3. USTER AFIS 棉纤维性质检验仪的应用

该仪器多用于棉纺生产的原棉及半制品质量检测与生产质量管理。从全自动抓包机起，采用 USTER AFIS 棉纤维性质检验仪进行生产质量管理。

(1) 参与混棉排队：USTER AFIS 棉纤维性质检验仪与 USTER HVI1000 测试仪相结合，可用于编制混棉排队用棉质量计划，可较长时期保持稳定的用棉质量水平，保障产品质量的稳定。

(2) 对棉结逐包检验：如采用该检验仪在抓包机排包后进行逐包检验，测出包与包之间的棉结个数差异，发现超标的棉包可及时剔除不用，保证在抓包机上棉包的棉结含量基本一致性。纺织厂对进厂的棉包进行逐包检验，表 1 中第 3 及第 7 组棉结含量特别高，则剔除不用，使原棉棉结含量稳定在 210 水平，保证了纺纱质量。纺纱生产也可根据逐包检验结果，优化清梳棉工艺，一方面采取相应的减少棉结的工艺措施及正确的混棉方法，使进入车间生产的原棉质量在生产中得到稳定；另一方面对于棉结含量高的棉包则剔除不用，以保持棉包中棉结含量的稳定(表 4.1)。

表 4.1　对进厂棉包的逐包检验

棉包编号	1	2	3	4	5	6	7	8	9	10	11	12
棉结含量(个/g)	230	210	360	210	220	190	390	210	220	190	220	210

2007 年乌斯特公报对前纺各工序棉结的分布如图 4.1 所示。

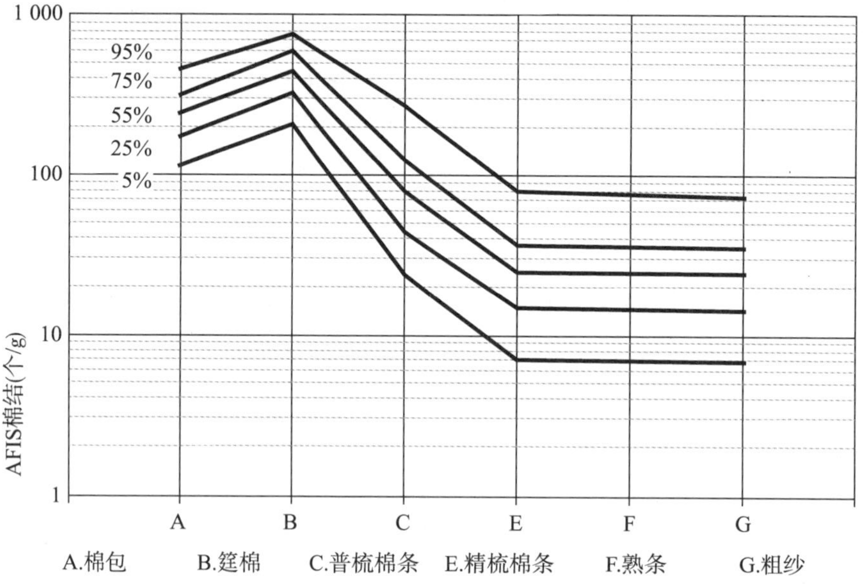

图 4.1　2007 乌斯特公报对前纺各工序的棉结分布

在开清棉工序中，强调精细抓取、柔和打击、渐增开松的原则，从表 4.2 中可看出，握持打击对棉结增加影响大，自由打击对棉结增加影响小；握持打击、精细开棉的棉结增长 20%，自由打击的棉结增长仅为 10%。开清棉工艺流程越长，棉纤维受打击次数越多，棉结增加率亦高。开清棉设备的好坏及合理与否是影响棉结数量的关键。

通过对棉包的逐包检验及对开清棉各工序半制品的棉结检测，可对开清棉工艺的改进提供依据。2007 年慕尼黑 ITMA 上展出的超短流程开清棉工艺机组就是在 1999 年的工艺基础上改进的。

表 4.2　短流程开清棉中各单机对棉结增加的影响(1999 年工艺)

	原棉	抓棉机	轴流开棉	多仓混棉	精细开棉	清梳联喂棉机
棉结数(个/g)	221	241	271	333	418	441
单机增长率(%)		9.95	11.52	22.88	21.52	5.50

我国长岭纺织机电科技有限公司产的 XJ129 棉结和短绒测试仪是一种快速自动检测原棉或棉条的棉结及短绒含量的仪器，也是一种模块化测试仪器。测试棉结的传感器为 XJ129NEPS，检测短绒含量的传感器为 XJ129SPC，可离线检测棉结及短绒含量。

4. 对原棉成熟度的逐包检验

在测试原棉成熟度 MR 时，可采用相应的传感器，测得的成熟度单位为成熟度比率，转换很方便。棉纤维的成熟度对棉纱质量影响很大，不成熟纤维含量越多，纱线中的棉结越多，从而使纱线和织物的外观粗糙而不均匀，成纱强力也因为不成熟纤维的增多及所造成的短绒增加而降低，使得织造效率降低。此外，还由于不成熟纤维分布不均匀，会造成织物的染色横档疵点，影响成品织物的外观,因此,棉纤维的成熟度应作为纺纱混配棉的重要控制指标。同时要采用先进的检测仪器进行逐包检验,控制与掌握不成熟纤维含量及分布,以稳定与提高产品质量。

成熟度好的纤维在纺纱加工中具有较高的强力及弹性,不成熟的纤维强力弱,在轧花及纺纱过程中容易断裂,从而使纤维平均长度减小,增加短纤维含量。不成熟的纤维刚性亦差,在生产中容易造成棉结,使纱线及织物外观粗糙而不均匀,导致纺纱加工中断头率高。不成熟纤维还会产生废纤,成纱强力低,纱疵增多。

不成熟纤维的含量增多,使织造效率低,并影响最终织物的外观及质量。纤维成熟度对后工序的化学加工也有影响,如丝光、印染、树脂整理等,成熟的棉纤维丝光效果均匀,在染色时棉结对染料的亲合力相对较低,使染后织物外观出现白点。由于不成熟纤维的分布不均匀,也会使织物产生染色横档疵点;不成熟纤维的定型性差,染料吸收性能较差,染后洗涤时染料对纺织品的外观质量十分重要,织物中存在的各种外观疵点会直接影响纺织品的竞争力。实践表明,影响织物染色效果的原因中有70%是原棉本身造成的,其中织物染色后出现的横档疵点更为突出,对此国内外专家进行了许多有益的研究,并取得了极大进展。

根据试验条件及结果可按以下棉包成分安排混棉并进行逐包检验:

(1) 批与批棉包间不成熟纤维含量差别最大不超过0.5%。

(2) 每批原棉中包与包之间IFC偏差系数差异最大不超过2%。

在上述控制范围内,由于不成熟纤维含量百分比的分布造成的横档疵点会基本消除,纺纱生产也基本稳定。

长岭产的FM10棉纤维成熟度测试仪是一种快速测试棉纤维成熟度的测试仪,可测试棉纤维的成熟度、马克隆值及细度等各项指标,但还不能直接测出不成熟纤维所占的百分比。

5. 对生产过程进行质量监控

采用USTER AFIS棉纤维性质检测仪,可以根据纤维长度、棉结、杂质含量等纤维参数的变异对整个生产过程进行控制。通过监测这些参数,可以对不同生产设备的除杂和牵伸进行正确的设置,同时了解每一生产过程的除杂效率及零部件磨损情况(图4.2,图4.3)。

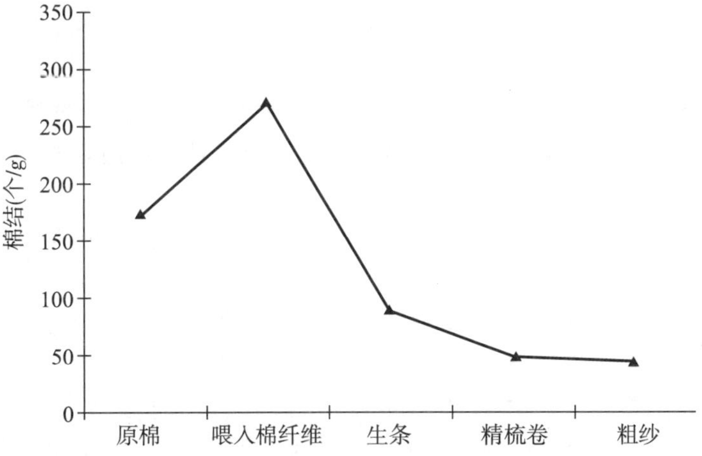

图4.2 采用USTER AFIS对环锭纺纱各工序在制品棉洁测试结果的分布图

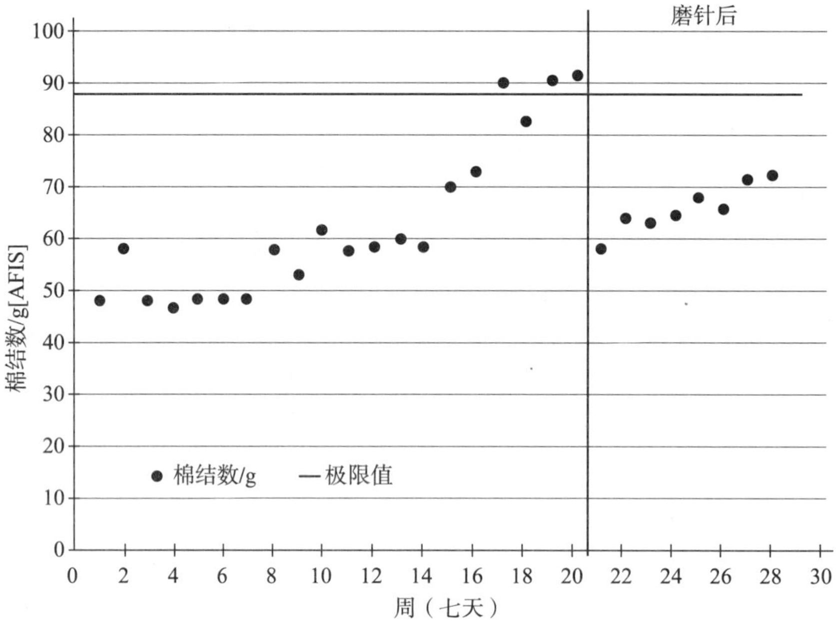

图 4.3　采用 USTER AFIS 对转机纺纱棉结含量测试结果的分布图

6. 检测与控制精梳落棉量

检测与控制精梳落棉量是提高精梳条及精梳纱质量的重要途径。精梳机的落棉对于从条卷中排除短纤维、棉结、带籽屑棉结、不成熟纤维，提高精梳条中好纤维的比例，对减少精梳条及纱线中的短纤维、棉结等有着重要的作用。不同的精梳机落棉率，会使精梳条及纱线中短纤维、棉结含量不同，好纤维的比例亦不相同，对成纱质量有显著影响。短纤维的含量影响纱线的性质，如单纱强力、强力不匀率、断裂伸长、伸长不匀率及强力弱环等物理指标，纱线毛羽与精梳落棉量也有关。精梳机落棉率加大，棉结含量相应减少。实践中，根据产品质量要求，生条的棉结含量以及精梳制成率对工厂经济效益的影响，确定最佳落棉量与棉结含量的比值。如果与转杯纺相结合，加大精梳机落棉率，一方面可进一步减少精梳条及精梳纱的棉结和短绒，提高精梳纱的品质；另一方面可将精梳机落棉用于转杯纺生产转杯纱，这样做在经济上是合算的。

一些棉纺织企业，为了使精梳条洁净，进一步降低精梳条中的结杂含量，提高精梳条的质量，加大了精梳落棉量，达到 18%～20%或更大，将落棉用于转杯纺中纺制相应支数的转杯纱，既提高了精梳纱的产品质量，又使精梳落棉得到充分利用，使产品质量与经济效益达到一定的平衡。

影响精梳质量的因素很多，如精梳机梳针的状态、锡林及顶梳针板的梳针状态，都会影响落棉和精梳条的棉结含量。

对原棉的开松和除杂净化棉网及半制品与减少棉结及短绒是一个相互依存而又矛盾的关系。在开清棉、梳棉及精梳工序中，采用 USTER AFIS 棉纤维性质检测仪对设备的各个环节进行研究，在测试结果的指导下，通过模块化技术的应用，优化工艺及改进设备编组，以柔和的加工技术在对原棉尽量开松除杂的同时，最大限度地减少棉结及短绒的产生。

7. 乌斯特公司的新产品

近年来乌斯特公司又推出了 USTER AFIS PRO2 型棉纤维性质检验仪，替代了 USTER

AFIS 棉纤维性质检验仪，对棉纤维的长度、成熟度、杂质及棉结含量等纤维性质指标进行更精确的分析，控制开松、除杂、梳棉、并条及粗纱等整个纺纱工艺流程的有关质量问题。基本模块 NC 可检测棉纤维及半制品中的棉结及带籽屑壳的棉结数量；更换 L 及 M 检测传感器，可检测纤维长度和短纤含量以及棉纤维成熟度和不成熟纤维含量；更换杂质传感器模块，可检测棉花中的杂质和灰尘的含量，试验结果具有可重复性和可靠性。USTER AFIS 棉纤维性质检验仪配用 USTER AUTOJET，可实现试验操作自动化，一次可同时测试 30 个试样，不需操作人员介入，适应于规模较大的纺纱厂。

此外，长岭产的 XJ2128 快速棉纤维性能测试仪可测试棉花的许多性质，如纤维的成熟度、长度、色泽、强度、结杂等，也是模快化技术应用的范例。

8. 纺织设备与检测仪器相结合

性能先进的棉纺织装备与在线及离线的高科技检测控制仪器相结合是现代化棉纺织企业进行产品质量检控的必要条件，是提高产品质量的重要途径。因此，在新建或改造棉纺织厂时，首先要选好用好性能先进的纺织设备，并注意建立起产品及半成品的在线或离线质量检测控制网络体系，这是发展高速、高产、高效、优质、低耗的现代化企业的首要条件。

据测试与统计，印染布的疵点有 70%是原棉及纺纱过程造成的，因此在性能先进的纺织设备的先决条件下，加强原棉、纺纱工程及织造准备工程的质量管理，对提高终端产品质量及生产效率具有很重要的作用。

9. 异纤的检测与清除

在开清棉工序中应用人工分检异纤、设置异纤检测分离器以及自动络筒机上光电式电子清纱器的联合工作，可以使清除异纤后织物的质量达到市场需要的标准，即大约每 20 kg 针织布允许有 10 根异纤，每 100 m^2 机织布允许有 33 根异纤。

清除异纤的基本原理是：将束状棉纤维及包缠了异纤的束状纤维首先要经过细致的开松，开松越好，束纤维越少，呈游离状的单纤维状态越好，异纤被检测清除的可能性越大。清除异纤系统安装在开清棉生产线末端及梳棉机之前。特吕茨勒公司在 2007 年 ITMA 上展出的超短流程开清棉系统中，已把第四道工序与清除异纤的功能合在了一起。

特别是对于透明的、白色的丙纶纤维的检测功能是该检测技术的最新发展。USTER QUANTUM3 采用先进的数码技术，替代了 USTER QUANTUM2，形成光电和异纤传感器等高端技术，清除异纤的功能更为先进。

我国长岭纺织机电科技公司生产的 CS 系列棉花异纤清除机，适用于各种清梳联及老式的清棉机，能有效地清除棉花中的异纤，包括白色丙纶丝等。

10. 毛羽的检测与管理

纱线的毛羽对纺织产品质量、织造效率及生产环境都有明显的副作用。在纺织过程中，细纱及络筒是产生毛羽的重要工序，其中细纱的纺纱三角区、钢领钢圈卷捻组件及络筒机上的络纱张力等对毛羽的产生有十分显著的影响。在减少纱线毛羽时，要努力降低纱线毛羽值及其分布，使其控制在 2007 乌斯特公报的 25%水平内。纱线的毛羽分布不均匀以及在织造中毛羽形成新的棉结等都会影响染色布的外观质量，有的会形成横档疵点。在纺纱过程中，环锭细纱机锭子与锭子、络筒机筒子与筒子之间，纱线的毛羽分布有差异。由于伸出纱体外的毛羽比纱体内的纤维更容易染色，从而造成坯布染色后的色差，形成横档疵点。喷气织机在生产高密织物时，毛羽会使相邻经纱相互缠连而造成开口不清，经纱上 3 mm 以上的毛羽还会使引纬失败。

关于纱线毛羽的特性及其对喷气织机效率和织物外观的影响，国内外早已进行了许多研究，对毛羽数量的测定也相应地研制出各种仪器，乌斯特2007年公报是应用乌斯特3、4型条干仪增加测试毛羽模块测试毛羽H值。

(1) 德国蔡尔伟格(Zweigle)G565、G566型毛羽测试仪是测定纱线毛羽长度及分布状况的最新仪器。有人对棉、黏胶短纤的普梳及精梳纱进行了测试，认为细纱毛羽长度呈指数规律分布，棉纱约有75%的毛羽及毛圈长度小于1 mm，而仅有1%的毛羽长度超过3 mm。3 mm及以上的毛羽为有害毛羽，会显著影响喷气织机的效率。

(2) 国外测定纱线毛羽的仪器除了德国G565外，瑞士乌斯特3、4、5型及最新的试验室USTER OH传感器与USTER TESTER5-S400或USTER TESTER5-S800型条干仪相结合测试纱线毛羽，还有英国锡莱研究所的毛羽测试仪等。

(3) 国产毛羽测定仪有YG172A型及BT-2型在线毛羽测试仪。YG172A、YG171B是在YG171A型基础上发展起来的第三代毛羽测试仪。YG172A型仪器与日本DT201及锡莱毛羽仪等原理基本相似，YG171B型则与G565相似，是目前国内最为理想的毛羽测试仪，它可连续则试1～50次，任意选定；毛羽长度一次同时测定1、2、3、4、5、7、10、12 mm，另外有数据自动显示及打印记录装置，可报告平均值、不匀率*CV*值及毛羽直方图等。我国长岭生产以上毛羽检测仪，特别是YG172A型毛羽测试仪能对纱线中毛羽的长短、数量及分布进行自动测试和统计分析，适于对短纤纱及上浆后的经纱毛羽的测试，它是利用光电转换原理，把毛羽遮光引起的光的变化转变为电信号，经放大整形处理后形成毛羽计数脉冲，经计算机给予转换显示。该毛羽测定仪能显示毛羽的分布，有助于喷气织机提高织机效率。

(4) 纱线在线检测毛羽的分布

采用德国Zweigle565型毛羽检测仪在线检测纱线毛羽长度的分布并进行分析，得出纱线毛羽的累计分布符合负指数函数规律，即：

$$N(x)=Ae^{-bx}$$

式中：$N(x)$——等于或大于x长度的毛羽根数；

x——毛羽的设定长度；

A、b——反映纱线毛羽特性，作为评价毛羽的指数。

采用G565型毛羽测试仪对各种类型纱线的毛羽进行大量测试，发现有75%以上的毛羽长度小于1 mm，而有害的3 mm以上毛羽仅占1%。

根据毛羽分布状况及实际生产质量要求，确定3 mm为毛羽的临界长度或称为有害长度，并把3 mm的临界长度毛羽分布情况作为考核纱线毛羽的重要指标。

(5) 乌斯特公报对纱线毛羽的参考值早在1989年的统计资料中作出了明确规定，2007年公报中也规定了参考内容及相关的曲线，有毛羽值H、毛羽标准差SH、变异系数等指标。毛羽值H是指在纱线1 cm测量范围内伸出纱体外的纤维长度，以毫米计算的累计长度，即每厘米长的纱上毛羽长度×毛羽根数。毛羽值H与纱线支数、捻度有关，纱线越细其横截面中的纤维根数越少，伸出纱体外的毛羽数亦少；纱线捻度越大，毛羽捻入纱体内的机会越大，毛羽亦少。

实践证明：单色染色织物相邻两个用作纬纱的筒子纱毛羽值H相差1及1以上时，织物染色后会出现色差横档，虽然在原色布上这种毛羽分布的差别不明显，但染色后会有明显差别。毛羽的标准差SH是考核毛羽分布的第二指标，是描述纱线卷装内部毛羽变异的数值，相对于筒子纱卷装而言，相邻两个筒子的纬纱间毛羽的差别也会影响织物的外观。

毛羽的变异系数CVH用于描述整体毛羽的分布情况，是考核批量生产纱线的毛羽分布均匀情况的指标。在生产实践中，要特别注意毛羽H值及标准差的考核，努力消除锭子之间、筒子之间毛羽H值的差别，缩小毛羽分布的离散程度，改善整体毛羽分布的均匀度。

纯涤纶短纤维纯纺或混纺纱，由于毛羽存在会引起织物起球，影响织物外观，因此希望H值要尽可能小。

(6) 现代化新型细纱机或转杯纺纱机上配有在线监测器，以热、声或张力传感器来发现运转异常的锭子或卷绕头，有的甚至配有智能型微电子技术，跟踪分析异常问题发生的原因，并在屏幕上显示报告，使每个锭子或卷绕头的质量完全处于受控状态，以减小毛羽H值，控制锭与锭、台与台之间的差异。在普通环锭细纱机或络筒机上，要人工反复地检查每个纺锭的气圈状况等，进行质量守关，并结合毛羽检测仪的检测结果，发现不正常因素并及时进行处理。毛羽分布不匀会引起织物染色不匀而产生染疵，3 mm以上长度的毛羽会影响喷气织机的开口清晰度，引起经纬间停台，影响织机效率。毛羽在纺纱过程中会部分脱落，从而引起飞花增多，污染环境，产生疵点等，国内外对减少毛羽问题进行了大量的研究并取得了许多显著成果。细纱及络筒是引发毛羽增加的主要工序，不正确的纺纱会使毛羽增加1.5～2.5倍，络筒工序由于络纱速度高、张力大、摩擦力大，会使纱线经过络筒后毛羽增加3～4倍。细纱机上纺纱三角区及钢领钢丝圈卷捻部分是造成毛羽增加的主要因素，紧密纺环锭纺纱技术的出现，消除了纺纱三角区，使环锭纺纱的毛羽H值大大减小，纱线表面光洁如丝，质量大大提高。钢领、钢丝圈的配合问题也取得了很大进步，尤其是钢领、钢丝圈使用寿命的提高，使纺纱张力趋于稳定，毛羽H值也比较稳定。

(7) 细纱紧密纺技术的出现较好地解决了纺纱三角区产生的毛羽，使细纱毛羽大幅减少。

第二节 纱线断裂强力特性的检测

1. 单纱强力指标的重要性

随着无梭织机速度的不断提高，织机对原纱质量的要求也越来越高，特别是喷气织机，引纬率已达3 000 m/min，织机转速达到800～1 000 r/min，有的高达1 800 r/min以上。这种高速织机由于速度快、开口小、经纬纱张力大、纬纱的喷射张力大，因此对原纱质量提出了更高的要求。日本编织协会织布技术委员会认为，对原纱质量的要求首先是原纱的抗拉强度，其他质量指标如接头、毛羽、不匀、结杂等均次之；瑞士苏尔寿鲁蒂公司认为，14.58 tex(40英支)精梳纱的断裂强度应大于18 cN/tex，断裂强度不匀率应小于10%，断裂伸长率应大于5%。喷气织机用纱的断裂强度指标要求达到2007乌斯特公报的5%以内。但国内外许多织造厂家及有关织造技术研究单位认为，要保证织机高效运行，单独考核纱线的平均强力及其不匀率两项指标是很不够的，应当认真考核关于原纱抗拉强力指标的最低强力。许多国外纺织品贸易商在中国购买原纱时，特别指出要考核原纱的最低强力指标。事实上，即使单纱强力值及强力离散程度都很理想，也会由于最低强力的存在而造成原纱断裂，从而影响织机效率。因此对于原纱强力弱环问题早已引起国内外纺织生产及研究单位的高度重视。

2. 大容量原纱抗拉强力试验的作用

为了真实反映原纱强力弱环的数量，瑞士乌斯特公司成功开发研制出高速单纱强力机USTER TENSOJET，这种高容量单纱强力试验仪的最大试验速度为400 m/min，1 h可进行30 000次单纱强力试验，比目前的普通试验仪速度快238倍。国外早已把USTER TENSOJET高速强力仪作为考核原纱质量、把好原纱质量关口、提高织机效率的重要手段。

3. USTER TENSOJET-4 高速单纱强力仪是把好原纱质量关的重要仪器

(1) 测试速度高：如前所述，USTER TENSOJET-4 每小时可测 3 万次试样，最大检测速度为 400 m/min。在 USTER TENSOJET-4 高速强力机试验过程中，由于是大容量的快速试验，可发现一些偶发性强力及伸长率弱环，这是用抽样试验及数理统计方法得不到的资料。但这些偶发性强力及伸长率弱环却是后道工序提高生产效率的重要问题。

(2) USTER TENSOJET-4 高速强力机在试验中还可模拟喷气织机引纬时的喷射张力，当最大喷射张力与纬纱强力弱环相遇时必然会产生断头。

(3) 采用 USTER TENSOJET-4 高速强力机模拟喷气织机引纬时的喷射张力，可迅速准确地发现为数不多的强力及伸长率弱环。

4. 弱环产生原因的分析

根据产生断头的情况，可对生产过程中弱环产生的原因进行分析并加以改进，大约有 57%～61%的强力弱环是由于纱线的细节(细于正常原纱的 40%)造成的(表 4.3)，细节产生断头的种类有短细节、长细节及粗节细节的接合处三种。其他还有短粗节、植物性纤维、飞花、异纤、弱捻及夹有结杂和大颗粒灰尘的纱等，可根据纱线强力弱环产生原因进行分析并加以改进。

表 4.3 原纱细节与断裂点之间相关程度试验

试样	低于平均原纱直径40%的细节数	断裂点与细节吻合数	断裂点与细节不吻合数	合计	断裂点与细节吻合数占断裂数的比例(%)
1	50	18	10	28	64.29
2	42	14	6	20	70.00
3	21	8	4	12	66.67
4	29	12	11	23	52.17
5	39	15	9	24	62.50
6	38	15	5	20	75.00
7	30	12	9	21	57.14
8	37	15	12	27	55.56
9	27	10	10	20	50.00
合计	313	114	76	195	61.03

表 4.3 表明，有 61.03%的断裂点是发生在细节处。但有些细节并不发生断裂，还表明断裂点不一定都发生在细节处，即断裂点与细节并不完全吻合。约有 39%的断裂点发生在弱捻、粗节、结头等处，转杯纺纱有 57%的断裂点是发生在细节处。

可根据高速强力机的测试结果来评估喷气织机的生产效率或安排生产品种。

5. USTER TENSOJET-4 单纱强力机测试结果及分析

图 4.4 为采用 USTER TENSOJET-4 单纱强力机对某批纱线进行 96 000 次强力测试的结

果，可看出对单纱进行近 10 万次断裂强力试验中断裂点的分布，只有通过大容量的测试才能形成如图 4.4 的图形，看出原纱断裂强力的分布情况，并从图中发现偶发性强力及低伸长率的存在，从而评估出喷气织机使用这批纱时的织机效率。

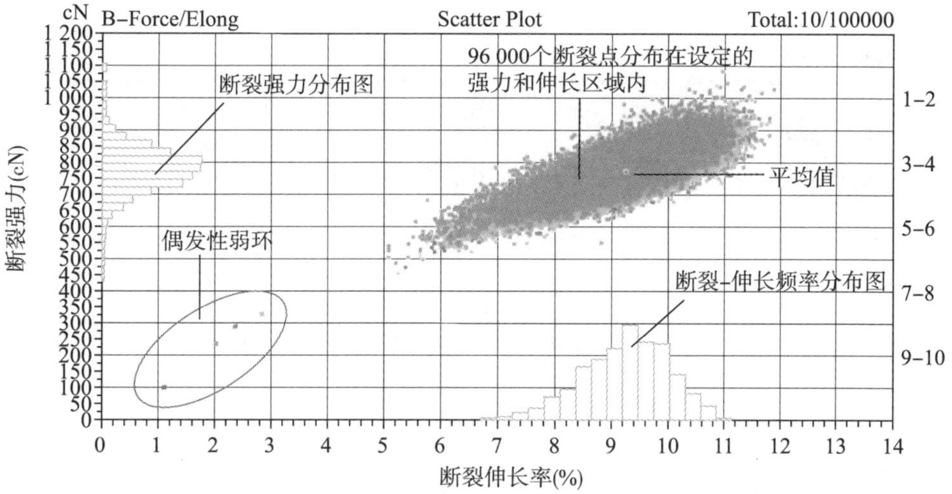

图 4.4　USTER TENSOJET-4 单纱强力机对单纱进行近 10 万次断裂强力试验的断裂点分布

6. 利用 USTER TENSOJET-4 单纱强力机对原纱强力的测试图正确选购原纱

例如四个不同产地原纱作经纱的比较如下：

如图 4.5 所示，四个不同产地原纱作经纱用，经过 USTER TENSOJET-4 高速强力机检测，可直接从试验报告中看出四批经纱在喷气织机上的 10 万纬断头停台数。强力值离临界区远的产地 2、3、4 三地原纱的纬向停台分别为 2.2、1.1 及 3.0，而离临界区近的产地 1 原纱的强力弱环较多，纬向停台达到 12.5 次，因此产地 1 的纱是不能够供应喷气织机使用的，而尤以产地 3 的纱为最好。

7. USTER TENSOJET-4 高速强力机对原纱的检测是织造用纱准备工作的重要内容之一

(1) 在织造用纱的准备工作中，织前准备包括原纱测试及整浆穿等工序。对于织造用纱的准备工作之一是必须正确了解纱的性质，包括纱线的平均强力、强力不匀率、断裂伸长、断裂伸长率、最低强力(强力弱环)、毛羽、纱疵等，其中纱线的强力性质及毛羽状况对于喷气织机来说尤为重要。

(2) 如前所述，以往对纱线强力的测试由于一般检测仪器速度低、容量小，所测得的强力指标代表性不全，还要靠数理统计的方法统计计算，得到的结果不准确，不能描绘出被测纱线强力的真实面貌，因此不能用被检测及计算结果正确地指导生产，更谈不上作为改进与提高生产技术的依据了。

(3) USTER TENSOJET-4 问世以来，为全面掌握与了解原纱的强力性质创造了条件，使原纱强力的测试进入一个新阶段，也使进一步提高喷气织机的效率有了保障。通过对原纱进行大容量的试验，可准确地报告出引起织机断头的强力弱环个数并模拟喷气织机的 10 万纬断头根数，从而评估出织机的效率。

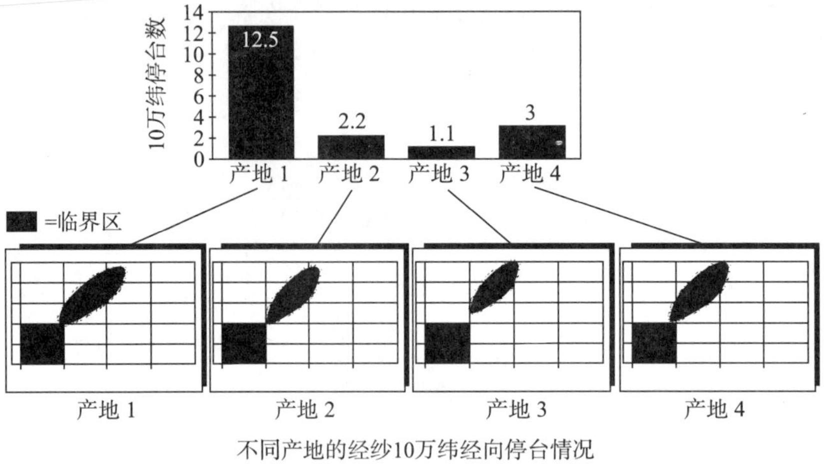

图 4.5　四个不同产地的原纱 10 万纬纱线断裂强度分布

从图 4.6 中可看出，A 产地纱的强力弱环比 B 产地多，因此，应采用 B 产地的纱供应喷气织机，以减少织机经纬向断头，提高织机效率。

(4) 要正确使用 USTER TENSOJET-4 高速强力机，反映纱线强力分布的真实面貌，推动纺织生产水平的提高，并帮助选购及应用原纱，USTER TENSOJET-4 对每批原纱测试要有一定次数。

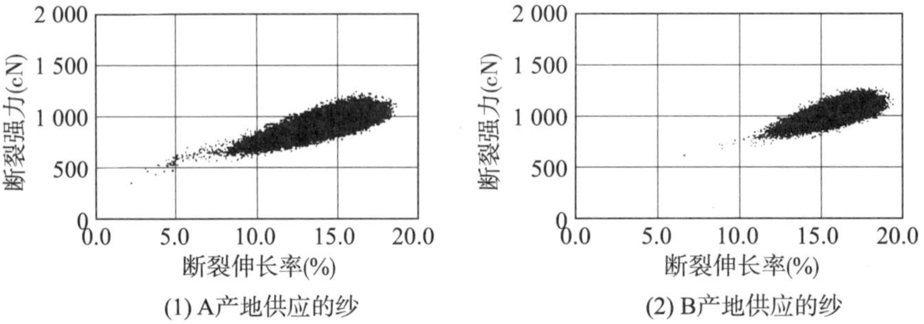

图 4.6　不同产地的原纱的强力分布

为了发挥 USTER TENSOJET-4 的作用，把好原纱强力关，应当对每批原纱进行大容量的强力测试。如图 4.4 所示，在 USTER TENSOJET-4 单纱强力机上必需对单纱进行近 10 万次断裂强力试验(每个筒子纱测试 1 万次，共测 10 个筒子纱)，才能在分布图中展示出原纱断裂点的分布情况，从而找出引起织机断头停台的强力弱环，推算出织机 10 万纬断头的水平。这也是 USTER TENSOJET-4 单纱强力机的独特优势，是其他低速强力机所办不到的见表 4.4。

表 4.4　USTER TENSOJET-4 高速单纱强力机与其他强力机的对比

	每小时测试强力次数	最大检测速度(m/min)
TENSOJET-4	30 000	400
Tensorapo$_3$	720	5
Tensorapio	360	5
Din53834	126	0.25(普通式)

从表 4.4 中可看出，USTER TENSOJET 高速强力机比普通强力机 Din53834 的检测速度高 238 倍，即使 USTER TENSOJET-4 高速强力机检测速度为 5 m/min，也比普通强力仪 Din53834 增加 42 倍。

我国长岭产的 YG062G、YG063G 型全自动单纱强力仪的测试速度比较低，不能像 USTER TENSOJET-4 高速强力机那样对原纱进行大容量快速测试，但在纺织厂可以通过对原纱强力的抽查了解原纱的强力情况。

第三节　棉纱条干不匀率的离线检测

乌斯特条干均匀度的波谱图是反映周期性纱疵的快速而准确的方法，它可迅速地发现纺纱中周期性疵点的性质，以便进行分析，查出发生的原因并及时解决。波谱图的横坐标表示波长，纵坐标表示波幅的相对值。同一工序的设备因不同的型号而测得的波谱图的曲线不同。当发现在波谱图上有明显的烟囱状波峰时，应及时进行计算分析。最好再取样复试一次，以确认无疑。根据波长计算出发生问题的大概位置，然后检查机械或工艺上可能发生的问题。

1. 测速或对照工艺设计书的方法

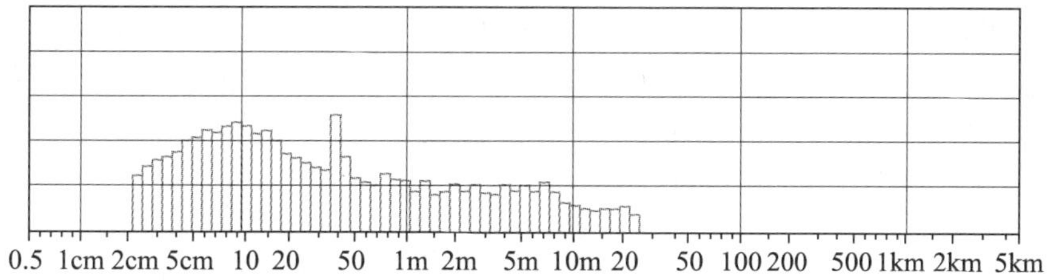

图 4.7　梳棉机锡林针布轧伤的生条波谱图

在梳棉机上出现周期性不匀，每分钟会产生 n 个周期性疵点，通过测算及工艺检查，可发现梳棉机生条的输出速度为 Up(m/min)，在这个输出长度中会有 n 个周期性疵点出现，此周期性疵点的波长为 $L=U\text{p}/\text{n}$ 或 $n=U\text{p}/L$。假如梳棉机的引出速度是 160 m/min，波谱图上有 37.5 cm 左右的机械波疵点。经公式 $n=U\text{p}/\text{L}$ 计算，$n=160\times100/37.5=427$（次），基本与梳棉机锡林速度 427 r/min 一致，经查找，梳棉机锡林针布有一处明显的损伤（如图 4.7）。

2. 计算法

由于纺纱过程中各工序机器的机械故障，在波谱图上出现烟囱状机械波，应根据机械波的波长推算出产生疵点的位置，检查各牵伸系统的齿轮、上下罗拉、齿轮轴等牵伸部件有无损坏，并进行复试。波谱图的试样可选自有关半制品或成品，有时还可在织物上发现纱疵问题。

如上所述机械波是由于纺纱机的有关回转部件损伤而造成的，通过以下公式可计算出故障问题所在。计算公式如下：

$$L=\pi\times D\times E$$

式中：L 为机械波波长；D 为产生机械波的回转部件的直径；E 为产生机械波的回转件到产品输出件之间的牵伸倍数。

例 1:末道并条机前胶辊中凹的细纱波谱图(图 4.8)。

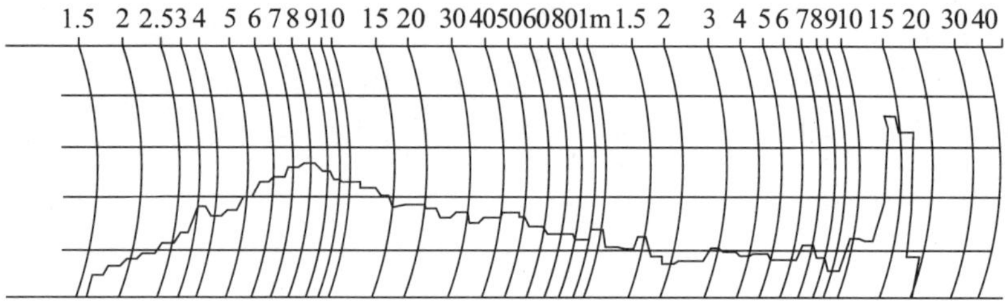

图 4.8　末道并条机前胶辊中凹的细纱波谱图

图 4.8 中,对由于末道并条机前胶辊中凹而造成的机械波的波谱图进行分析、计算与查找,从末道并条机前胶辊中凹的细纱机械波波谱图得知:

① 粗纱的四罗拉直经分别为 35 mm×35 mm×35 mm×40 mm,总牵伸为 7.5 倍。

② 细纱牵伸倍数:细纱的三罗拉直经是 25 mm×25 mm×25 mm,总牵伸为 16.9 倍。

③ 机械波长 16(m)(试验纱速 200 m×6 格/走纸速度 25 cm×3)。

④ 计算公式:波长 L=细纱总牵伸×粗纱总牵伸×16(波长),L=0.109(m)。

⑤ 末道并条机的前罗拉波长 $L=\pi\times D$=0.110(m)。

⑥ 测算结果:L=0.109(m)与末道并条机的前罗拉波长 L=0.110(m)相近,可认为并条机前罗拉有问题,经查是并条机前罗拉上皮辊有中凹现象。

例 2:粗纱机后胶辊损伤的波谱图分析(见图 4.9)。

粗纱机前罗拉转速为 190(r/min)

粗纱机的总牵伸倍数为 7.9 倍,后牵伸倍数为 1.22 倍。

粗纱机的罗拉与胶辊线速度 $U\mathrm{p}=\pi\times 28\times 190$=16 713(mm/min)

在粗纱波谱图上约 60～80 cm 波长处(设波长 70 cm)有明显的烟囱状机械波

损伤部分部件的转速为 $n=U\mathrm{p}/L$=16 713/(70×10)=23.9(r/min)。

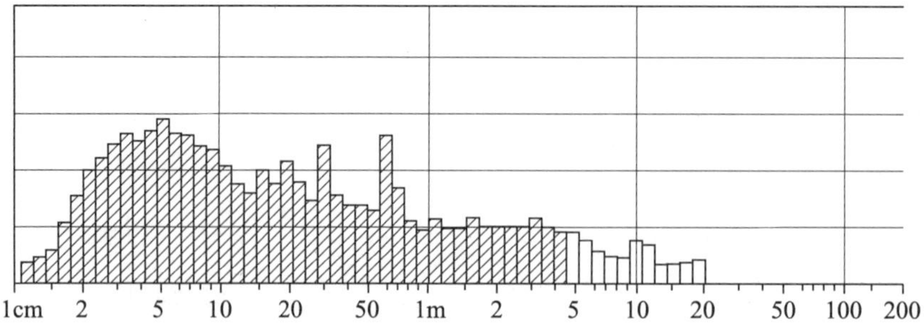

图 4.9　粗纱机后胶辊损伤的波谱图

通过测速计算或查工艺书得知后皮辊有损坏,调换后该皮辊后,机械波即消失。

例3：细纱机前罗拉偏心的波谱图（图4.10）。

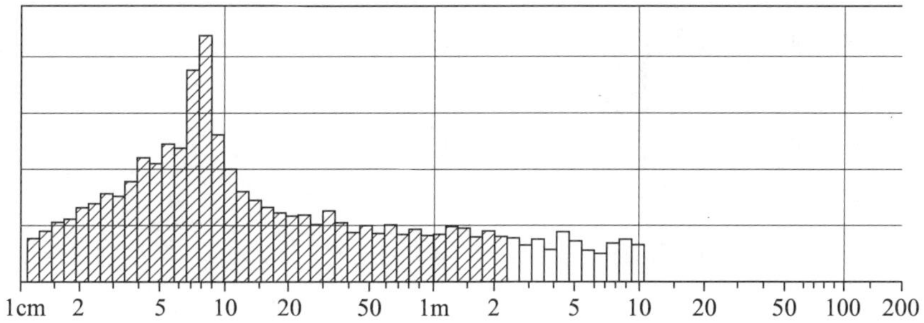

图4.10　细纱机前罗拉偏心的波谱图

从波谱图上可看出6～10 cm之间有明显的机械波（图4.10），波长L为8.25 cm。估计问题发生在前罗拉或前上皮辊。已知前罗拉直径为2.5 cm，则前罗拉周长为$\pi\times2.5=7.9$(cm)。由于罗拉沟槽曲线的影响，前罗拉的周长为8 cm，因此可认定是前罗拉发生的问题。经查前罗拉偏心0.12 mm。

3. 机械波分析法的应用

常用的机械波分析法有计算法及测速法两种，例1为测速法或查对工艺设计书法，例2及例3为计算法。但不论采用什么方法，对机械波分析时应预先知道纺纱设备的传动图、有关机器的罗拉直径、速度及牵伸倍数等工艺数据，作为对机械波波谱图分析的依据。

4. 其他几种典型的周期性不匀疵点实例

(1) 环锭细纱机的前罗拉偏心会产生周期性机械波，波长为$\pi\times25.4=8$ (cm)，其他牵伸回转件的偏心，包括锭子回转不平衡也会产生周期性不匀的机械波。

(2) 化纤丝络筒时，因张力不平衡而产生的机械波呈对称的三角形周期性不匀波。络纱一次往复动程的绕纱长度（即不匀波长）为8 m，波谱图显示为奇数谐波。

(3) 化纤丝络筒卷绕时，由于往复运动而产生的不对称张力变化呈不对称的锯齿形，一次往复动程的绕纱长度（不匀率波长）为6 m，在波谱图上显示出奇数与偶数的谐波。

(4) 在转杯纺的纺杯里有灰尘及杂物聚积，会产生一个周期性细节，接着是一个粗节，呈正反向的脉冲波。如转杯直径为6.7 cm，则周期性不匀波波长为$\pi\times6.7=21$ (cm)，是非对称性疵点，波谱图上显示出奇数与偶数谐波，但基波的振幅并非最大，包迹线呈上凸的弧形。环锭纺纱牵伸装置中的胶圈缺损或胶辊有损伤也会产生这种机械波。

(5) 环锭细纱机的胶辊胶圈表面有伤痕，也可能产生正向或负向的单向脉冲形周期性疵点。如果皮圈周长是12 cm，主牵伸倍数为25倍，则$12\times25=300$ cm（或3 m），也是非对称疵点，波谱图上显示出奇数与偶数波，包迹线呈较平坦的弧形，谐波与基波的振幅相差不大。其他如牵伸罗拉表面局部损伤、精梳机棉网搭接不良及梳棉机的针布损伤也会产生这类机械波。

5. 国内外条干仪的发展

国外的新型条干仪有USTER TESTER 5-S400或USTER TESTER 5-S800等，是乌斯特公司关于精确测试与描绘有关纱线均匀度和常发性疵点的仪器。USTER TESTER 5-S800是在USTER TESTER 3、4、5的基础上发展的新型条干仪，试验速度达800 m/min，它采用光电式传感器，可测试纱线的支数变异、细节、粗节、棉结及异纤等。S400与传感器USTER OH相结合提供可重现和可比照的毛羽测试。S400与USTER OI传感器相结合可用于测试条干均匀度，同时检测纱线中的杂质与灰尘颗粒；USTER TESTER 5 与 USTER 检测花式纱的功能相结合，可检测与分析竹节纱；国内长岭生产的 CT200、CT800C、CT900、CT3000 型条干均匀度测试分析仪可检测条干及毛羽，输出 12 档灵敏度的疵点值，有电容式及光电式条干仪，功能不一。此外，还可提供条干波谱图、毛羽 H 值、标准偏差 SH、毛羽的图形(波谱图)、毛羽分布图及毛羽不匀曲线等。

第四节　偶发性疵点的检测与管理(纱疵分级仪管理的疵点)

USTER CLASSIMAT QUANTUM 纱疵分级仪不仅可以检测偶发性粗节、细节及异纤的分布，而且还可以测量及设立纱线的标准。

1. 选择优质的纱线来生产优质产品，关键要考虑经济因素，做到价廉物美。要连续不断地对纺纱质量进行检测，以保证纱线及终端产品的质量稳定。在对纱线的检测中，清纱及分级两个系统占有很重要的地位。以往，电子清纱器要设立清纱曲线是很困难的，并且需要专家的工作。现在的纱疵分级图及清纱曲线可根据分级仪及电子清纱器测得的纱疵信号转换成电子信号及数字信号，经计算机计算而得出纱疵分级结果。因此，纱疵分级仪应选定配套的电子清纱器，从而正确设定清纱曲线，控制产品质量。

2. 纱疵是在纺纱过程中由于原料、机械、工艺、环境及操作等五个方面的原因造成的，使纱线上有一定长度及粗细的粗节、细节、棉结、异纤或其他污染。这些纱疵对纱线及织物的外观质量具有负面影响，也会影响下道工序的生产效率及成品质量。因此，对于纺纱厂来说，这是一项非常重要的质量管理问题。纱疵分为常发性纱疵和偶发性纱疵两种。在现代化纺纱厂，常发性纱疵是由条干均匀度检测仪检测管理的，有粗节、细节、棉结及异纤四种，以每 1 000 m 纱上的疵点个数进行考核。偶发性纱疵比常发性纱疵大，而且并不经常出现，分为短粗节、长粗节、细节及异纤等四种，以每 10^4 m 纱上的纱疵数来表示，是由纱疵分级仪进行检验和分级的。

3. 2007 年乌斯特纱疵分级图包括一般纱疵分级图及有色异性纤维分级图两种，是在 2005 年的基础上发展的，主要增加了有色异性纤维分级图，也扩大了对一般纱疵分级的范围。

应用 USTER CLASSIMAT QUANTUM 系统可以确立新的分级，该系统可展示新的粗节、细节及异纤的情况并予以分级。

4. 1999—2002 年已升级应用 USTER QUANTUM2 来提高纱线质量，检测常规的异纤疵点，还采用电容式传感器检测白色和有色的丙纶纤维。电容式传感器的灵敏度比光电式传感器高两倍，能检测到最小的纱疵和不匀率，还可测试可靠的、可比照的毛羽值，并进行异纤检测与清除。对整个生产质量的监控来说，是最高级的电子清纱器和质量管理专家。

5. 最近升级使用的 USTER QUANTUM3 采用最先进的数码技术、光电和异纤传感器等高端技术，使其比以前的清纱器更全面、更精确、更深入。结合智能的电子处理元件，可显示完整的纱线面貌，这是一个巨大的突破。同时配有可检测异纤的多重光源，可区分出有色异纤与无害物性纤维，是一种全新的传感器。因此，USTER QUANTUM3 比 USTER CLASSIMAT QUANTUM 先进得多。

国内长岭产的精锐 25、精锐 30、精锐 40、精锐 42、精锐 50 等电子清纱器是逐步向高等级发展的。精锐 50 型电子清纱器是智能化、嵌入式电子清纱器，能自动检测与清除各类有害纱疵，具有一般清纱、清除异纤(但对清除白色透明的丙纶丝还有一定困难)、验结、错支检测、在线分级及条干 CV 值检测等功能，性价比高。现在采用 USTER CLASSIMAT QUANTUM 系统，一般对已清纱及没清纱的纱线都能进行检测，被分级的纱疵有粗节、细节及异纤等。该系统可以帮助检测出最佳清纱极限值，还可用于分析新的原料并提供经验值，设立测定基准点及对产品质量进行评估。

应用 USTER CLASSIMAT QUANTUM，纺纱厂可不断地改进纺纱质量，同时对丙纶的检测功能有了极大的改善。

6. 国产 YG072 型纱疵分级仪可作为检查纱线有害疵点的测试仪，适用于普通络筒机。

我国生产电子清纱器及纱疵分级仪的公司有多家，如海鹰电子仪器厂等。

一般电子清纱器及纱疵分级仪是联合安放在自动络筒机上在线工作的，还不能作为离线检测，但也有把这套仪器安放在试验室，用于抽测与研究纱线的外观质量。

第五节　自动验布技术

乌斯特离线自动验布系统 Fabriscan 可以节省劳力并改进与优化验布精度，是现代化大型纺织厂应当配备的装备。

乌斯特自动验布系统能完成如下任务：

(1) 能掌握与识别织物各类疵点的特征；

(2) 正确确定疵点在布面上的位置；

(3) 自动做好标记；

(4) 记录储存疵点信息。

自动验布机的主要功能体现在以下几个方面：

(1) 原色布经过两个照射光源即反射光和传导光，光源类型的选择主要考虑织物密度、疵点种类及能指出纺织生产过程中发生疵点的环节。

(2) 自动验布机的正常检验速度为 120 m/min，可对正常的布面外观的局部问题进行检验和分析，判断是否属疵点，根据判断分析的结果，在布面上做出标记并进行分级。

(3) 乌斯特自动验布系统的疵点鉴别器应用随机网络技术，它是从计算机技术中引伸出来的一项新技术，采用专门的微处理机加工处理并产生录像，进行计算的处理能力为 250 个。

从慕尼黑 2007ITMA 及 2008、2010 上海 ITMA Asia 和 CITAME 展出的棉纺织机械中可以看到，纺织机械自动检测技术的快速发展，除了离线检测技术的应用外，在线检测技术几乎在各个工序都发挥了很重要的作用，与离线检测技术一起形成了强大的高科技的对产品、半制品的质量控制及自动检测技术的网络，保障了纺纱与织造质量的稳定与提高。此外，在节能、环保等方面，自动检测技术及自动控制也发挥着日益重要的作用。自动检测技术的快速发展使棉纺织机械的自动化水平有了进一步提高，对于提高车速、生产效率、产品质量，降低消耗、节约能源及改善环境都起着十分重要的作用。

对于一个纺织企业来说，假如不能对产品及半制品质量检测，就不能对产品及半制品质量进行控制，也就不能对产品及半制品质量进行管理，就不能使企业继续提高与发展。总之，现代化棉纺织厂的质量管理需要配备必要的离线检测仪器与在线检测技术，才能保证产品质量的稳定与提高。

第五章

国内外纺织专件的发展

纺织专件包括摇臂加压机构、紧密纺专件、细纱锭子、罗拉、空气捻接器、自动络筒机用电子清纱器、转杯纺纱机的纺纱器、喷气织机的电子储纬器等。选用好的纺织专件是提高产品质量及生产效率的重要方面。

第一节　环锭细纱机摇臂加压机构

20 世纪末以来，环锭细纱机的摇臂加压类型，由原来的圈簧加压发展到板簧加压、圈簧加压及气动加压三大类，而气动加压又分为直接加压式及集中气动加压式两种。概括起来分为板簧加压、圈簧加压、气动直接加压及集中气动加压四种，现对这四种加压进行对比，以板簧式加压为最优。

1. 加压机构种类

环锭细纱机加压机构有四种，见表 5.1，A、B、C、D 四种加压机构在不同的领域具有不同的特点。

表 5.1　以绪森公司生产的四种环锭细纱机加压机构为例

加压臂形式	A	B	C	D
加压原理	机械式	机械式	气动加压(直接)	气动加压(杠杆式)
加压元件	板簧	圈簧	压缩空气	压缩空气
加压负荷	足够	足够	足够	足够
加压负荷调节位置	前罗拉	所有上罗拉	所有上罗拉	所有上罗拉
加压机构调节方式	单独调节	单独调节	集中调节	集中调节
部分释压	单独	可靠	中央集中调节加压	中央集中调节加压
摩擦负荷	无	有	有	有
前罗拉位置精密度	机械加工精确	冲压式加工精确	冲压式加工精确	冲压式加工精确
前罗拉位置可否调节	可	否	否	否
是否抗静电	是	是	减少	减少

以上加压系统必须具有如下特性，才能满足工艺要求：

① 具有精密的上罗拉及上皮圈架（上销）；

② 具有稳定的加压负荷及持久恒定的加压作用；

③ 具有上罗拉摩擦力的传递功能；

④ 人机工程设计，易于操作。

2. 四种加压方式的对比

（1）板簧加压。牵伸系统上罗拉的加压直接由板簧加压机构实施，板簧加压的压力直接传递到全部上罗拉，不需要任何运动部件，因此不产生任何侧向摩擦。应用凸轮，弹簧的预压力可以在前罗拉加压机构调节改变，以满足个别加压的要求，中后罗拉加压机构的负荷是固定的。这种加压机构的板簧材料、加工技术及热处理等十分重要，加工难度较大。同和纺机厂是我国生产板簧加压专件的单位，其产品销路很好。

（2）圈簧加压。上罗拉加压由支撑臂握持，支撑臂由螺栓固定并由圈簧施加压力，前中后罗拉的加压机构空间有限，需要支撑臂有一个插孔，弹簧有预张力并对三个加压机构产生加压负荷，应用调节元件可对各个加压负荷调节。近来圈簧材料、加工技术及热处理等都有了很大改进，使加压稳定性和持久性大大提高，锭差减小，但加压钳口的平行度还需改进。

（3）直接气动加压。将供气软管中的压力传送到每个上罗拉，改变空气压力对上罗拉的加压力，可以对所有加压元件的压力集中设定。这种加压方式的压力波动小，加压稳定性、持久性好，基本不受相邻锭子加压与否的影响。

（4）杠杆式集中气动加压。这种加压方式的设计使软管中的压缩空气排放在支撑杆杠中，压缩空气经过阀门将加压负荷传递到全部加压臂，一个桥式系统杠杆将气压力分配到每个上罗拉，通过移动支撑螺栓可以调节上罗拉位置，从而调节上罗拉加压力的平衡。此外，所有加压元件的压力可以经空气压力集中调节。此种加压方式的上罗拉加压往往受相邻锭子加压与否的影响，但在正常情况下压力稳定持久。

3. 讨论

（1）加压负荷值的调节及均衡

① 最小加压力的确定需要以并条牵伸以及粗纱支数、粗纱捻度和纤维材料等测得的数据为依据。如果上罗拉加压臂的压力能足够地覆盖力的变化范围，负荷值的调节可以省略，气动加压系统可以集中改变空气压力来进行调节。当然这种调节并不太符合实际情况，可能会出现不正确的调节。

② 调节加压值时要尽量减小上罗拉加压值，以避免错误或误差。加压负荷值可以在快速运行的上罗拉上进行调节，以达到切合实际的水平，也减少了上罗拉的磨损。

③ 在实际应用中要尽量减小加压压力，从而减小牵引力，减少上皮辊的磨损。上加压摇架外形的设计必须尽量避免产生侧面摩擦，假如内部摩擦力起作用，加压负荷必须相应增加，板簧加压由于不存在内摩擦力的问题，因此总的加压负荷相应减小。

（2）部分释压

在长期停车条件下，为了避免上皮辊壳的塑性变形，许多加压臂增设了可以部分释压的功能，所有的气动加压臂提供最佳的空气压力，可以集中释压，减小所有罗拉的加压。机械式（弹簧加压）加压臂加压负荷的释压是对每个上加压臂的杠杆在静止位置完成的。部分释压非常重要，尤其当运转的机器在周末关车或纺纱厂运转时间不正常或机器处于维修状态时，局部释压更为重要。当机器成批更换零件维修时，上罗拉加压臂已完全释压，并不使用局部释压，因此，弹簧上罗拉加压臂完全省去了部分加压释压功能。

(3) 内部摩擦

按照两个元件之间的摩擦理论的物理规则，静态与动态摩擦力不同，静态摩擦力一般要比动态摩擦力大。假如一个物体被推过一个平板，必须克服的摩擦力大于保持物体运动的力。假如作用在物体上的力并不明显高于克服静态摩擦所需的力，物体不会运动，而作用力超过了一定的水平，物体将开始运动。

在上罗拉轻微运动中，纤维重量的变化会使皮辊外壳部分或橡胶包覆壳产生变形。为了保证恒定负荷力，上罗拉必须能对上述变化有相应的改变，为此，加压支撑点的摩擦力必须尽可能小。这些摩擦力集中表现在支点，但板簧加压系统例外，由于板簧直接加压在上罗拉上，因此没有内摩擦力。

(4) 精确的设置

为了使环锭纺纱机的每个锭子能生产同等的纱线，减少锭差，目前一台细纱机的锭数往往超过 1 000 锭，因此上罗拉的加压必须精确设置相同的工艺参数，为此前上罗拉的位置非常重要。多数上加压臂并不能提供前上罗拉工艺的最佳设置，前上罗拉位置的精确设置与上加压臂所有元件的允差范围有关。

板簧加压装置的上罗拉加压臂不在此范围内，假如纺纱技术或组合部件需要，通过调节前上罗拉位置即可完成。

此外，板簧加压方式中所有的加压机构是机械安装的，可以保证前上罗拉位置完全与下罗拉轴线平行。另外，加压机构位置的设置是在带负荷条件下进行的，这种调节可以减小差异，因此可以达到很精密的状态，这是板簧加压的优势。

(5) 静电问题

纤维与上皮辊表面之间的摩擦或多或少会产生静电。纤维材料及空气湿度是影响静电的重要因素，静电会导致纤维堆积，最坏的情况是产生放电现象，因此，上罗拉加压臂接地是十分重要的。

除了 C 型加压臂外，所有的加压臂都能满足防止静电现象产生的要求，塑料皮圈架的 C 型加压臂会影响无静电的状况。

(6) 运转稳定性

机械式弹簧上加压臂能保证生产运行的稳定性，这点要比气动加压好。气动加压的输气软管是由塑料或合成橡胶制成的弹性体，因此，要对上述问题进行研究。在供气系统中会出现漏气现象，造成供气压力减小，从而导致纱疵产生；此外，压力的损失还将影响空压机的生产成本。

(7) 板簧式弹簧加压摇架的特点

在四种加压形式中，板簧式弹簧加压摇架具有很大的优点，可实现三小工艺要求，即小浮游区、小钳口隔距及小罗拉隔距；可使罗拉握持线平行，保证工艺上车。板簧的弹性好，在同样加压负荷下板簧的弹性变形只有圈簧变形的 9%不到一点，板簧的弹力持久性也好于圈簧。因此加快发展板簧式加压摇架是正确的方向，但板簧材料的选择及热处理比较困难。

(8) 圈簧式弹簧加压摇架的特点

圈簧式弹簧加压摇架由于近几年来采用了优质弹簧钢及先进的机加工、热处理技术，因此在加压性能上有了很大的改进，弹力的持久性也有所提高。但在罗拉加压握持线方面仍需要改进，像板簧式弹簧加压那样能保持平行及稳定，并注意消除内摩擦现象，争取进一步提高加压弹力的持久性、稳定性。

(9) 气动加压摇架的特点

气动加压中直接加压方式比杠杆式集中加压好，压力波动小，气压稳定，持久不衰退。而杠杆式集中加压容易受到相邻锭子加压与否的影响而波动，压力不稳定，产生显著的锭差。虽然气动加压的气压稳定不衰退，但要配有气源发生器、储气装置及供气线路，因此比弹簧式加压要复杂一些，而且供气线路出现漏气现象会影响气压压力，增加能耗。

(10) 各种加压方式的对比

四种加压方式各具优缺点，应当取其之长、改其之短，今后应当继续研究这四种加压方式，改进与提高加压性能。不论哪种加压方式都具有优缺点，适纺纱支及品种的能力不尽一样。要有针对性地选用。

目前世界上环锭细纱机的加压方式分为弹性加压及气动加压两种，弹性加压又分为板簧加压及圈簧加压两种，气动加压分为单独直接加压及集中加压两种。对上述加压方式进行了分析对比，板簧加压具有可精确调节前上罗拉位置、上罗拉与下罗拉精确平行、没有内摩擦、保证运行稳定性、无静电现象等优点列居首位，其他加压形式均存在一定的不足，今后应以板簧加压为主要发展方向，而其他加压方式应努力保持优点，改进不足，使其更加完善。

第二节　细纱锭子

1. 国外新技术的发展

随着棉纺环锭细纱机的发展，细纱锭子的支承结构形式也经历了一个由刚性支承向弹性支承（下支承弹簧）及双弹性支承（上下支承均有弹性）的发展进程。像德国绪森公司 NASA 型锭子、HP-368 型锭子及 SKF 公司的 CSIS 锭子，其结构都具世界先进水平，锭速可开到 30 000 r/min，噪声比普通锭子低 6%～7%，耗能低，单锭节能 2～4 W，使用寿命达 10 年以上。

主要改进有三个方面，即上轴承、下轴承及动力消耗系统。

新型锭子的锭盘直径为 18.5 mm，上轴承直径为 6.8 mm，对降低由锭带和锭盘引起的能耗及噪声十分有利，在相同锭速下，上轴承直径减小，锭盘减小，可减少能耗。最新锭子的锭杆轴承档直径已由原来的 6.8 mm 改为 5.8 mm，锭底直径由 4.5 mm 改为 3.0 mm。同时将上轴承外环与轴承座联成一体，形成一个新的组合件，使轴承座外径从 16 mm 减至 14 mm，锭盘直径由 18.5 mm 减至 17 mm。上、下弹性支承使不平衡作用下的锭子借助于支承的弹性变形和下支承的弹性位移及多层油膜阻尼，使锭杆盘的主要惯性轴和重心与回转轴重合，使锭杆与轴承保持良好的接触。

NASA 锭子的下轴承结构用径向滑动轴承和推力轴承替代原锥形轴承，可有效克服传统锭子的锭尖异常磨损及锭杆上窜跳动、承载能力小、耗能大的缺点。

由于油膜的存在，使锭杆与轴套不直接接触。随着油隙逐渐减小，油压增大，当靠近最小间隙处，压力达到最大；越过最小间隙，油压很快降为零，从而使锭杆回转时任何微小的偏心所产生的径向力在油膜阻尼的作用下减小，达到吸振目的。

新型锭子的结构构成了一个动力消耗系统，采用振动学中的动力消耗原理，锭杆及其上部元件构成主动力系统，外中心套管及锭脚构成消振器，改变外中心套管壁厚及锭脚底部重块的大小，可以调节消振器的刚度和质量，从而调整动力消振效果。

2. 新一代高速、低噪声、长寿命锭子是当代国际上纺织器材发展中的新技术，为适应今后的高速化生产要求，锭子新技术的发展归纳如下几点：

(1) 采用更小的纺锭轴承(ϕ6.8 或 ϕ5.8 mm)，使锭盘直径更小(ϕ18.5 或 ϕ17 mm)，为细纱机高速节能创造条件。

(2) 采用双弹性支承结构，利于减振、降低噪声，减少磨损。

(3) 采用双油腔结构。使润滑油与阻尼油分离，以增强锭子的阻尼，降低锭子的振动。

(4) 采用径向支持和轴向承载分离的分体式锭底，克服原锥形锭底条件下锭杆盘的窜动、吸振作用滞后的现象。

(5) 锭尖大球面支持有利于减小下支承的接触应力，提高承载能力和耐磨性，延长使用寿命。

(6) 绪森 NASA 高速锭子还有新的发展，新型 NASA 锭子改用橡胶减振方法，应用物理学上的共振原理，使振动失谐，锭子本身的振动传递不到锭轨上，从而使 NASA 高速锭子的振动比普通锭子小，回转平滑。瑞士公司设计应用的 HP S-25 型高速锭子也十分先进。

3. 采用西门子公司的独立驱动技术传动锭子，可节能 20%。

4. 国内锭子的发展状况

国产锭子的主要问题是使用寿命短、耗能高、振动噪声大等，经过长期改进，取得了较大进展。我国棉纺锭子有 D32、D12、DFG 等系列，目前主要的发展方向为要采用小锭盘、双弹性支承、锭子材质改进等，中心问题是如何在减振的基础上延长锭子使用寿命，适应我国环锭细纱机向高速进展新形势的要求。

(1) 河南二纺机新开发的 YD5203 型高速锭子，锭速达 19 000～20 000 r/min，可节能 1%～7%，生产效率提高 10%。

(2) 我国在吸收消化德国平底锭子的基础上，研制开发出新型国产平底锭子系列产品，如 TD51、TD91 等，已投放市场，锭速可达 25 000 r/min。国产的平底锭子下轴承可自动调心，锭速为 30 000 r/min 时，即使满管运行 10 h，锭脚也不会发热。另外，还采用了小锭盘及小轴承，锭盘直径为 19 mm，轴承直径为 6.8 mm，有利于高速运行及节能。

(3) 纱管的改进：影响锭速提高的另一个重要因素是纱管质量，管锭配套问题。

瑞士立达公司对提高细纱机性能和配套纱管做了许多改进，提高了细纱管与锭子的同心度，使两个回转体的动平衡偏差尽可能小。纱管重量由原来的 220 g 减至 120 g。

新研制的以合成材料 PBTB 及聚碳酸脂组合后制作的纱管，可满足高速细纱运行的要求。它可承受紧张的压力并保持长期的稳定性，锭子承受纱管的压力不超过 15 N，新型细纱管内部和锭子配合处与普通细纱管相比较十分光滑，减少了在落纱过程中发生的故障，配合了高速细纱机的正常运行。

(4) 小卷装：由于自动络筒机空气捻接技术的发展，络纱后形成无结头纱，为环锭细纱机采用小直径钢领、降低钢丝圈线速度创造了条件，国外新型环锭细纱机的卷绕成形都向小卷装(38～42 mm×180～190 mm)发展。小卷装会增加落纱次数，采用自动落纱机可得到弥补。在长车(1 000 锭以上)上，集体自动落纱机的落纱时间仅需 2～4 min，尤其在细络联自动生产线中，小卷装对提高锭速、减轻锭子负荷都起到了积极作用。

第三节 罗 拉

罗拉是细纱机、粗纱机、精梳机及并条机的重要牵伸元件。随着纺纱速度的不断提高，牵伸系统加压力的增加以及市场对纺纱质量要求的日益提高，对牵伸罗拉也提出了新的要求，尤其是前罗拉质量的好坏，直接影响到成纱条干等纺纱质量。

1. 在纺纱专件中，影响细纱质量的重要因素是细纱机、粗纱机、并条机及精梳机上的牵伸专件——罗拉，以细纱机罗拉为例，影响细纱牵伸质量的因素之一是牵伸罗拉机械波，主要是由罗拉的材料使用、加工工艺等造成的。

(1) 产生牵伸机械波的因素有：罗拉制造精度、罗拉材料、加工工艺等，上罗拉（皮辊）质量、机械振动及齿轮传动误差等对纺纱品质及机械波也有影响，但牵伸下罗拉的机械波是影响纺纱质量的主要因素。

(2) 牵伸罗拉的机械波主要为 8 mm 机械波，即在机械波图中的烟囱位置 8 mm 处形成周期性变化，造成细纱呈明显的规律性、周期性变化，这种机械波在乌斯特波谱图上形成规律的凸起的烟囱，尤其在纺高支纱时。机械波会使织造的浅色布面出现阴影，影响织物外观，降低织物质量。

(3) 所谓罗拉机械波是由罗拉周长上的缺陷造成的，一般罗拉直径为 25 mm，波长为 8 mm；如上罗拉皮辊直径为 28 mm，则机械波长为 9 cm。此外，传动罗拉的齿轮系统不良而造成罗拉扭振及机架不稳等也会产生机械波。

(4) 我国普通细纱的牵伸罗拉造成的细纱机械波波峰 5 mm，机械波占 20%～30%，国外先进水平 5 mm 的机械波仅占 3.13%。

(5) 高精度罗拉的研发及生产。如果一台细纱机上各种专件都能达到或超过国际先进水平，细纱机的整机生产水平才能达到国际先进水平。像普通细纱机牵伸下罗拉等专件，我国在材料选用及加工工艺等方面都与国外有较大差距。

2. 国内一些生产罗拉的纺织机械厂，如江苏同和纺织机械厂、保定第二纺织机械厂及经纬纺机厂等，围绕着如何提高罗拉制造精度及罗拉抗弯刚度方面进行了许多研究。以江苏同和纺织机械厂为例，近几年作了大量工作，在加工精度及材料选配上瞄准与参考国外先进企业生产罗拉的标准组织攻关。

(1) 国外生产罗拉的公司为了防止及减少牵伸下罗拉机械波的产生，制订了许多质量标准，并围绕这些标准在材质选用及加工工艺等方面作了许多改进，如：工作面齿顶差异，齿深差异；工作面外圆尺寸偏差，罗拉径向跳动，罗拉工作面外圆圆度，两节罗拉连接后的径向跳动；电镀处理后罗拉表面上的粗糙度等，使成纱质量机械波波峰 5 mm 以上的机械波仅为 3.13%。国内普通罗拉的成纱质量 5 mm 波峰的机械波要占 20%～30%，差距很大，如何缩小这个差距，赶超国外先进水平，是研制与开发高精度牵伸罗拉的目标。

(2) 我国一些纺织机械厂在罗拉生产工艺上有了很大的改进，引进购置了数控加工中心，将 7 个工序加工罗拉改为一个工序，大大提高了加工后罗拉的同心度、精度，达到了国外先进水平。

(3) 采用优质合金钢、优质高碳钢是提高罗拉抗弯刚度的重要措施。优质合金钢加工出来的罗拉不仅具有很高的抗弯刚度，而且由于在数控加工中心加工的罗拉精度很高，不易变形，一台车的罗拉节与节之间互换性强、锭差少，两根罗拉对接时，径向跳动值大大低于目前普通罗拉对接后的径向跳动值，约为原来的 50%。新的高级合金钢罗拉的外圆圆度也相应得到改进，外圆圆度径向跳动值显著减小。

(4) 热处理及电镀加工后的罗拉表面粗糙度都达到了国际先进水平，表面光滑无刺，表面硬度亦相应提高。应用这种高精度罗拉，使纺纱厂对罗拉的维护保养负担减轻，在安装及平车时不需要校罗拉弯曲及加装罗拉凳垫片。

(5) 消除或减少罗拉机械波除了选用高碳合金钢材料外，更重要的是要提高加工精度，从切削加工到热处理、抛光、电镀等工序，都要有严格的工艺条件及质量要求，使加工后的高精度罗拉具有十分良好的纺纱工艺性能。

(6) 超高精度罗拉的研制开发及生产。在原来高精度罗拉的基础上，国内一些专业工厂又继续研制开发了超高精度罗拉。以江苏同和纺织机械厂为例，已开发出新一代超高精度的细纱罗拉，其主要特点有：

① 由于选材得当及热处理工艺的改进，使新研制开发的超高精度罗拉具有很好的抗弯刚度，比原来的抗弯刚度提高了 9.1%。

② 罗拉表面不仅精度高、光泽好、无毛刺，而且耐磨性好，纺纱中这种超高精度罗拉不会产生挂花现象。

③ 超高精度罗拉的互换性、同心度好，两节罗拉镶接后的静态径向跳动小于 0.05 mm，上机安装不需垫片。

④ 超高精度罗拉上机前不需要预校调，可直接上机连接，不必进行人工敲罗拉、校弯曲，每锭对应的罗拉表面的径向跳动 95%均在 0.02 mm 以内，另 5%最大不超过 0.05 mm。

⑤ 罗拉无机械波率达到 98%以上，24 h 全面检测无机械波率达到 95%。

⑥ 与纺部各道工艺配套后(各道工序的半制品质量达到乌斯特标准规定的上限范围)，细纱常规品种都能达到乌斯特 2001 年公报的 5%水平。长期使用罗拉抗弯曲径向跳动等都能做到稳定一致性，长期使用不走动。

⑦ 超高精度罗拉的生产水平

A. 与普通罗拉相比较，超高精度罗拉的生产水平的有关质量指标要高得多，说明超高精度罗拉达到国际先进水平，5 mm 以上无机械波率已基本上控制在 100%的水平，抗弯刚度、表面粗糙度、硬度、罗拉同心度、互换性程度等都达到或超过国内外先进水平，成为制造高精度纺纱机械的重要基础。

B. 国内一些生产牵伸罗拉的企业，由于材质的选择及加工工艺等方面与国外有一定的差距，使罗拉质量一直徘徊不前，不仅径向跳动大(超过 0.05 mm)，而且硬度、耐磨差，尤其两节罗拉镶接后，跳动超过 0.05 mm，罗拉杆与罗母配合精度差，同心度低。低质量罗拉会产生明显的机械波，严重制约了纺纱质量进一步提高。国产罗拉抗弯刚度低，在日常搬运、安装及生产运转中会产生弯曲，也会恶化纺纱质量。

第四节　空气捻接器

空气捻接器是自动络筒机的重要组成部分，空捻接头技术已有了很大的发展。

1. 纱线接头方式有人工、机械及空气捻接三种方式，空捻接头技术是当代发展趋势，它可解决结头大的问题。第三代自动络筒机的捻结器接头处直径是原纱直径的 1.2 倍，而人工、机械打结器接头直径是原纱直径的 3～4 倍。空捻接头可减少针织布的破洞，普通接头纱由于结头大，在生产高密织物时会在钢筘处断经或在布面上产生较大的疵点，空捻接头克服了上述问题，减少了织机断头，提高了织机效率及产品质量。

2. 空捻接头是将纱尾搭接在紊流空气箱中，由气箱中的强气流进行捻接接头，接头时间及耗气量均可调节，从而满足空捻纱的质量要求。垂直于纱尾的气流在捻接的同时还给接头纱加上一定的捻度。空气捻接器捻接纱线的过程是将纱线交叉放入捻接器中，将多余纱线切除，切除后的纱线进入振荡器退捻，最后进入气腔加捻，完成接头。

3. 空捻接头技术使接头后的纱获得足够强力(约为原纱强力的 80%～85%)，外观好，接头处纱的直径比原纱直径稍有增加，约为原纱直径的 1.2 倍，无明显重量偏差及缺陷，在静态负荷下与原纱弹性一致。捻接接头不需要外界材料，因此染色亲合性一致。

4. 目前，空捻接头技术已广泛用于各种原料、品种、纱支的接头，是络筒工序不可分割的部分。空气捻接对接头强力、弯曲度有显著影响，如织物外观、机织或针织的生产效率等。意大利美期丹空捻器接头质量好、接头成功率高、耐用。美期丹机械式结头器结头合格率高，但机械结构太复杂，维修困难，目前大多不使用。国产空捻器在使用寿命及结头成功率上必须下功夫进一步改进。

5. 目前市场上供应的空捻器已分别用于粗支线、细支纱、花式纱、股线、弹力包芯纱及紧密环锭纱等不同品种。除普通空捻外，还有热捻、湿捻等捻接器。总之，空气捻接器对提高原纱和织物质量，提高生产效率有显著作用，亦相应降低了成本，比机械打结器维修量相应减少。

6. 2007 慕尼黑 ITMA 上展出的络筒机 Autoconer5 采用了新型空气捻接器接头技术后，接头纱外观与原纱基本一致，接头处强力与原纱强力一致。这是空气捻接器捻接纱线技术的新突破，改变了接头纱外观是原纱直径 1.2 倍的局面，提高了接头处纱的强力，提高了络筒纱的外观质量，为环锭细纱机提高车速创造了条件，如可减小钢领直径，提高纺纱速度。目前喷气织机的速度已高达 2 000 r/min，这与络筒机用空捻接头有密切关系。AUTO360、R40 及 FL3000 等自动转杯纺纱机的气动接头质量更好，根本无接头痕。

第五节　电子清纱器

1. 我国 1332 型络筒机上已有 40%～50%推广应用电子清纱器，电清技术由普通型、提高型发展到智能型。在 1332 络筒机上应用普通型、提高型，在国产萨维奥及 AC238 上已配用智能型。国外都已采用智能型，如 AC338 采用 Peyer540 型电子清纱器，性能优越，灵敏度高，检测功能强，纱疵清除范围广，该机有三种“固定清纱曲线”，也可根据工厂需要自行设定“清纱曲线”，控制棉纱质量水平。意大利欧立安(ORION)自动络筒机上配备的智能型电子清纱器，每个单锭相当于一个工艺试验室，可以做到对捻接质量、疵点、周期性小疵点、异纤及超标准毛羽造成的疵点进行控制及清除。德国 AC338 自动络筒机上的电子清纱器已成为卷绕过程中的重要部件，用以监测和保证纱线质量，形成一体化清纱器，其清纱性能可在电脑屏幕上精确设定，如纱疵超过极限值，清纱器指令切断纱线并向卷绕部件发出信号以中断卷绕，捻接质量也由清纱器单独监控，捻接纱接头归类于一档清纱类型。

2. 清纱器不仅负担清纱及质量监测任务，还有统计功能，可记忆、储存并报告生产运行状况及疵点分级，完成纱疵分级任务。清纱器的清纱曲线对纱疵的粗细节及其长度的划分较细、档次密小，可按需要分档控制各种类型的纱疵。

3. 清纱器的位置，除日本外都是放在捻接器之上，对捻接质量进行监测。上蜡装置一般放在电清上面，以消除上蜡对电清的干扰。新型电子清纱器可自动调节，以适合各种速度监测及检查各种卷绕速度下的纱线质量，不因启动和正常卷绕速度差异变化而产生误切。

4. 自动络筒机上吸头已配有传感器，可将纱疵全部吸出经电清切除，不会漏切。

电子清纱器分光电式及电器式两种，各有特点，但都因环境受到干扰，如果车间和络筒机自动净化程度高、车间温湿度恒定，干扰即排除。

5. 乌斯特 QUANTUM-2 检测仪上安装的是智能型多功能电子清纱器，具有根据纱疵及条干 *CV* 在线纱线分级，检测纱线粗节、细节、棉结及异纤的综合功能，可检测出植物性等有机异纤，描绘出细节曲线，并模拟织物的疵点情况，分析与报告纱线上的疵点情况，可在线进行纱疵分级。还可追踪到异纤清纱器，避免质量事故的扩大，可检测出亮度大的异纤和暗色的异纤，特别对于透明的、白色的丙纶纤维的检测功能是最新的检测技术发展。此外，还能检测纱线毛羽 H 值。

6. 无锡海鹰纺织电子设备公司的雷声 QS-5 型为光电多功能电子清纱器，具有清除长粗节、短粗节、长细节，静态检测及对棉结杂质等小疵点有分档选择的功能，其中超原纱直径 0.6～2.4 倍，长度 1～10 cm 的短粗节可分 10 档选择；长粗节为 0.2～0.8 倍，长度 100 cm，分 9 档选择；长细节纱疵直径为原纱 0.15～0.5 倍，长度 100 cm，分 9 档选择。

QS-8 型为电容式清纱器，具有清除长短粗节、纱疵功能，其中短粗节为原纱的 0.5～3 倍，长度 1～10 cm；粗节为 0.3～1 倍，长度为 100 cm。

我国长岭及无锡海鹰生产的智能型电子清纱器与国外同类产品水平相当，可以作为国内外自动络筒机上智能型电子清纱器的替代品。

7. 电子清纱器已由模拟式发展为数字式，如瑞士乌斯特 QUANTUM-3 型电子清纱器，其检测及清纱性能有很大提高。AC338 自动络筒机选用乌斯特电子清纱系列，性能及稳定可靠性都很好。电子清纱器是络筒机完成清除纱疵、提高纱线质量的重要组成部分，智能型电子清纱器还担负着对纱线质量的监测及纱疵分级、清除异纤的功能。

8. 如果在电子清纱器上增加一个计长通道，可使自动络筒机的定长达到十分精确的水平。

第六节　转杯纺纱机上的纺纱器(纺纱箱)

1. 德国绪森公司设计生产的纺纱器有 SE7、SE8、SE9、SE10、SE11 及 SE12，供给赐来福公司生产的转杯纺纱机。绪森公司有 30 年设计制造纺纱器的丰富经验，目前仍在努力改进元件，提高转杯纱性能。

绪森公司提供的纺纱器包括：小型 SC1-MOE 与全新的转杯纺纱机匹配，而 SC2-MOE 专门用于高速生产人造纤维(包括合成纤维)产品的转杯纺纱机。

绪森公司设计生产的纺纱器是目前世界上高档转杯纺纱机配用的最成熟完善的纺纱器，这种纺纱器已单独供应市场。

2. 赐来福公司在其新型转杯纺纱机上采用新纺纱器(纺纱箱)(Spinning Box) Corobox SE11，SE12 是转杯纺纱机的心脏，也是提高纺纱能力及产品质量的基本保证。开松罗拉的外壳由一具完整的无焊接材料制成，使气流均匀，纤维进入转杯中，能纺出高度均匀的纱。此外，改进了转杯的排尘系统，使纱体外观高度净化，减少了纺纱断头，比普通转杯纺纱机减少断头40%。AUTOCORO312、360 转杯纺纱机采用了磁性轴承，不需要任何附加动力或者压缩空气，新型的轴向轴承不需要维护及加油润滑，转杯速度在 15×10^4 r/min 的条件下正常运行，不会出现任何问题。

德国赐来福公司生产的 AUTOCORO288、AUTOCORO312、AUTOCORO360 及 AUTOCORO500 等转杯纺纱机，一直采用绪森公司的纺纱器(纺纱箱)，因此纺纱速度高。AUTOCORO312、360、500 等的转杯速度达 150 000 r/min，纺纱质量好，品种适应性好，堪称世界转杯纺纱机之最。

3. 瑞士立达公司由于采用了绪森公司的 SC-R 纺纱器，R40 转杯纺纱机的转杯速度由 R20 的 13 万 r/min 上升到 $15\sim16\times10^4$ r/min，牵伸倍数从 20 倍到 450 倍，可生产各种支数的纱，最高纺纱支数可达到 9.72 tex(60 英支)。

(1) R40 转杯纺纱机应用 SC-R 新型纺纱器的优点：具有调节“BYPASS”功能，可最佳地清除棉条中的杂质，“BYPASS”可根据喂入原料情况调节气流，利用杂质分离器将杂质充分分离出来。

(2) 恒定不变的纤维喂入量保证被梳理的纤维束是均匀的，从而显著改进了纱线质量。

(3) SC-R 纺纱器的一个特征是开松罗拉的设计，与其他型式的开松罗拉相比，其特点是开松罗拉不被罩盖封闭。但为了满足环保要求，开松罗拉是分档封闭的，消除了纤维在靠近罩壳附近积聚的现象。

(4) SC-R 纺纱器的其他部分也很优良，整体式开松机构沿着开松罗拉及纤维通道，很容易在运转的机器上拆开及再安装，外壳可以打开或将纺纱零件在机器以外进行检查，或者更换纺纱元件，所有这些工作都可快速完成。

4. 意大利萨维奥新生产的 FL3000 型转杯纺纱机也采用了绪森公司的纺纱器，转杯速度达到 150 000 r/min，纺纱质量好，品种适应性好，可加工短纤维、天然纤维及人造纤维纱等。意大利沙维沃公司研制的新型 Flexible Rotors3000 双面转杯纺纱机是目前比较先进的转杯纺纱技术，机器上采用了高档纺纱器，概括起来有以下几个特点：

(1) 可满足纺纱厂快速改变品种，快速生产出满足市场需求的优质转杯纱，占领市场(可经常或阶段性改变纺纱器)。

(2) 可满足纺纱厂小批量、多品种的生产形式，供应市场的需求(也要经常不断地更换纺纱部件)。换言之，使纺纱厂提高对市场需求的适应是参与市场竞争的一个重要方面。

5. BT923 半自动转杯纺纱机具有提高生产率的潜力，转杯速度为 110 000 r/min，输出速度一般可达到 200 m/min，全机有 360 个纺纱头，可获得最大的产量，生产同类型的纱比其他半自动转杯纺纱机产量增加 10%～15%。纺纱线密度为 14.58 tex(40 英支)以下。立达公司的转杯纺纱技术发展很快，而且机器制造也先进，如 C-120 纺纱器反映出该公司的先进技术及机器制造的高水平。

6. 新的纺纱器基于中央集中吸气系统，保证转杯的最佳纺纱条件而不需要开孔。陶瓷转杯轴承具有耐磨、运转稳定的特点，可使纺纱断头减少，而且在高速回转条件下，在一定的棉条供应前提下获得最佳的收益。C-120 纺纱器可最大限度清除垃圾颗粒，从而使转杯纱得到净化，而且收集的废料中有效纤维最少；BT923 转杯纱条干十分均匀，疵点极少。

7. 纺纱器是转杯纺纱机的心脏，努力研究开发转杯纺的纺纱箱是提高纺纱能力及产品质量的基本保证，也是提高纺纱品种适应性的关键。但到目前为止，能生产与高性能转杯纺纱机配套的高档转杯纺纱器的企业国内还没有，国外像绪森公司能生产如 S11、S12 及 SC-R 纺纱器的也不多。因此我国要想加快发展国产高档转杯纺纱机供应国内外市场，必须在开发生产高档转杯纺纱器上下大功夫，尽早生产出国产高档转杯纺纱器，为发展国产高档转杯纺纱机做出贡献。

第七节　喷气织机的电子储纬器

1. 喷气织机储纬器是高科技产品，是纬向引纱装置的重要组成部分。其作用有三个：一是纬纱定长，根据布幅宽度确定储纬器上的纬纱长度；二是要考虑纬缩、边纱等用纱的长度，以确定储纬长度；三是给予纬纱一定的退绕张力，以保证纬纱在高速退绕时张力稳定一致。

2. 纬纱在储纬器头端的测长板上卷绕一定圈数后（即达到一定的储纬长度后），电磁阀打开释放纬纱，此时，主喷嘴及串联喷嘴通过喷射的气流将纬纱送入钢筘的筘槽中，由辅助喷嘴接力把纬纱引到织物的另一侧，完成一次引纬。

3. 储纬器主要有两种：一种是由变频器、电动机及存纱量传感器组成的，移动传感器可调整纬纱的储纱量，传感器检测的信号控制储纬器的停开，这种形式应用较多；另一种是由变频器、电动机及纬纱在储纬器上的圈数传感器组成的，储纬器的旋转圈数是由编码盘反馈的讯号控制决定的，储纬器在织机运行中是固定不变的，这种方式对储纬器的开停要求高，不易控制，应用得不多。

4. 储纬器有单色及多色（2、4、6 及 8 色等）之分，8 色储纬器是在 2007 慕尼黑 ITMA 上展出的。多色引纬是喷气织机色织布的特征，引纬选纬的顺序是由计算机按照图案软件控制的。

5. 单色储纬器及多色储纬器的位置可作上、下、左、右的调整，以调整引纬时的纬纱张力。

6. 我国已有生产电子储纬器的企业，仅供国产喷气织机用，但与国外产品相比还有一定差距。

第八节　紧密纺专件

1. 紧密纺纱技术对提高纺纱质量及增加经济效益具有很大的潜力，在保持一定的纺纱质量的前提下，可降低原棉等级及原料成本。此外，在采用相同原料又保持一定成纱强力的前提下，可降低细纱捻度进而提高引出速度，增加产量；紧密纺纱还可替代普通环锭纺精梳纱，而纺纱质量基本相同。

2. 德国绪森公司在普通环锭细纱机上进行了改进，在前罗拉钳口线外加装了一套消除纺纱三角区的机构,有效地控制引出纤维束的运动,从而纺出毛羽少、强力高、条干均匀的细纱。绪森公司的紧密环锭纺纱技术称为 Elite,改装后的前上罗拉与输出罗拉形成一个整体,可一起拆装,这两组上罗拉由齿轮传动形成同步。加捻的张力使纤维组合达到理想的收缩,经过一对直径稍有差异的罗拉作用形成紧密纱,纤维从前罗拉钳口输出后,引出上罗拉(皮辊)与一异形吸风管形成控制区,每个锭位上都有一个条形吸口,起点离前罗拉钳口不远,终点在引出罗拉与异形吸管形成的钳口处。每个吸气缝隙均被特殊的"皮圈"所覆盖,这种皮圈由合成纤维长丝纱织造而成,每平方厘米内有 3 000 个微孔。引出上罗拉为橡胶包覆的胶辊,对微孔皮圈施压,与异形吸管形成握持区,皮圈管的回转是由上罗拉回转摩擦传动的。由于引出上罗拉胶辊与微孔皮圈之间的摩擦系数比皮圈与异形吸管表面之间的摩擦系数约大 10 倍,因此,确保所有微孔皮圈能准确按照一定线速度运动。

3. 异形吸管的负压气流经过微孔皮圈将前罗拉钳口握持线输出的纤维抓持住,使纤维紧紧地处于压缩状态。由于吸管缝隙与纤维前进方向呈 30°角,使纤维束在前进时能按自己的轴线回转,牢固地将纤维末端嵌入到纤维束中。异形管吸风缝隙可根据不同的原料及纺纱支数设计成不同的宽度,微孔皮圈的微孔大小可适应任何品种及纱支。为了保证微孔皮圈的清洁以保持良好的透气性,并可在细纱发生断头时将纱头吸起,在异形吸管尾端装有"真空吸尘器",以保证机器的正常运行。另外,这种微孔皮圈要经常拆下清洗,保证其清洁及透气性。

4. 异形吸管与微孔皮圈合在一起即为紧密纺专件,是改造普通环锭细纱机为紧密纺环锭细纱机的关键专件,也是模块化技术在环锭细纱机上的应用。除了德国绪森公司将普通环锭细纱机改造成紧密纺环锭细纱机外,近几年我国一些纺机厂也生产了各种紧密纺专件,供应国产普通环锭细纱机的改造。此外日本丰田公司的 EST 型紧密纺专件在国内比绪森公司的紧密纺专件更受欢迎。这两年我国国产的紧密纺专件已走出国门,远销国外。

近 30 年来棉纺织器材及专件与纺织设备相互促进及影响,有了很大的提高,也正是由于纺织器材及专件的发展进步,才保证了棉纺织技术的迅速提高,进一步提高了纺织产品的产量及质量,在节约原材料及能源等方面也起着重要的作用。表明纺织机械性能的好坏与所配用的纺织器材或专件性能的好坏是十分相关的,纺织机械的技术进步与纺织器材或专件的技术进步应该是同步的。事实上,不论是国外还是国内,纺织机械的技术进步都在很大程度上涵盖了纺织器材或专件的技术进步,相信棉纺织器材及专件在今后的棉纺织装备发展中将会更快地发展与提高,以保障棉纺织技术的快速进步。

第六章

纺织器材在纺纱生产中的重要作用

纺织器材在纺织生产中占有十分重要的地位。在纺织生产中，不论哪道工序，纺织器材大都直接与原料、半制品或成品接触，直接影响半制品及成品的质量，也对纺织速度及产量起着决定性作用。纺织器材是纺织生产的心脏，其质量好坏制约着纺织机械性能的提高和纺织速度、纺织质量和纺织效率的提高。我国纺织器材的加工制造水平已有了较大的提高，这对提高我国纺织机械的总体水平起了很大的作用。如梳棉机针布、各种牵伸罗拉、胶辊胶圈、加压摇架、上下销、钢领钢丝圈、细纱锭子、织机钢筘等，都有显著的进步，有的已达到或超过了国际先进水平。

第一节　梳棉机的针布

1. 自 20 世纪 80 年代起，国外大量推广应用了新型锯齿针布，这种针布具有短、浅、薄、密、细的特点，分梳质量高，生条质量大大提高，单产水平大幅度增加。我国也相继推广应用了新型针布，一改我国梳棉机的落后面貌，锡林速度已提高到 600 r/min。新型针布的开发与应用取得了很大进展，如瑞士 Graf 公司的锡林、盖板、道夫针布及刺辊锯条都成套生产，英国 ECC、德国 Holl、日本金井、瑞典 ABK、美国 HW 等公司的针布也占有一定的市场，一般认为 Graf 针布较好。国内青岛纺机厂、上海金属针布厂引进 Graf 生产线，生产的针布性能较好，无锡、天津、常州、南通等地均有生产新型针布的工厂，其中以南通金轮、无锡纺器等厂生产的新型针布较为出名。在梳理加工中，采用新型针布、增加固定盖板、提高锡林位置、盖板踵趾差由 0.90 mm 减为 0.56 mm 和盖板反向回转等措施，对提高梳理度、减少生条结杂作用明显，其中新型针布的使用及配套是重要因素。假如其他条件不变，只配套使用锡林、盖板新型针布，降低结杂效果也是显著的。国外曾用 AFIS-N 棉结检测仪从原棉进厂到纺成粗纱各工序的棉结含量进行试验，结果见表 6.1。

表 6.1　前纺各工序棉结含量试验结果

工序	原棉	喂入梳棉机的棉纤维	生条	半熟条	精梳条	熟条	粗纱
棉结含量(个/g)	250	400	80	40	20	25	28

从表 6.1 中看出：梳棉是降低生条棉结含量最有效的工序，生条棉结可降到 80 个/g，为喂入纤维棉结量的 20%。正常情况下，若采用新型针布，梳棉机安装维护精细，各部分工艺、隔距及速比符合工艺要求，成纱棉结还可减少 30%～40%。

2. 除搞好梳棉机针布配套外，针布的保养维护也十分重要。国外一些先进的高产梳棉机上已配有棉结杂质在线监测装置，可根据测试情况自动控制在线磨针及调锡林-盖板隔距。DK903、TC03、C51、C60、C70、MK5C、MK7等梳棉机对机械设备的精度要求很高，有的锡林是钢板卷制后进行精加工，并作动平衡消除内应力，径向跳动要求达到0.03 mm以下。从DK903、C51起，梳棉机都配有精调盖板-锡林隔距及在线自动磨针系统（自动磨锡林、盖板针布），盖板隔距调整精度很高。自动磨盖板即磨针尖又磨侧面，使其保持原有针的锋锐外形。

3. 一般一台梳棉机的锡林、盖板针布加工300～1 000 t原料后要更换，进行在线磨针后即保持产品质量的稳定，还可延长针布使用寿命10%～20%。

4. 新型针布的设计及选用针对性强，金属针布厂根据纤维的种类、长度、细度、含杂、单强以及梳棉机的产量、锡林速度、生条定量、纺纱号数、纯棉、化纤混纺或一些特种纱线，设计并生产了多种针布，如高产梳棉机针布、高支纱针布、低级原料针布、普通棉型针布、棉型化纤针布、中长化纤针布及细旦、超细旦针布等不同系列的新型针布。为了进行合理配套，使针布发挥更好的作用，不仅有锡林、盖板各系列的新型针布，而且道夫针布、刺辊齿条也有相应的规格型号。

5. 新型针布在国内应用以来，生条质量、成纱质量大大提高，棉条结杂降低，但也带来了一些困难，尤其在商品经济时代，市场的需要使纺织企业品种翻改频率提高，企业在许多情况下不能正确对号使用针布，造成针布使用的混乱，不能很好地发挥新型针布的作用。国内大连工学院与重庆纺织器材厂曾联合开发了“通用型金属针布”，其针布工作角的设计兼顾了化纤与棉的要求，适应性比较灵活，在一定程度上可适当满足翻改品种的需要。

6. 新型针布还有一个问题需要考虑，由于锯齿的断面是矩型的，形成四面刀锋，因此对纤维的损伤较大，有必要将断面形状改为椭圆形，以减小对纤维的损伤。

7. 我国新型针布在加工精度及热处理方面与国外先进水平相比还有差距，如热处理均匀度较差，针布的耐磨性尚需努力提高。

8. 我国锦峰生产的精梳机整体锡林及顶梳，不仅质量好，而且能满足精梳机的要求，耐磨性也不比国外先进水平差，目前已远销国外。

第二节　钢领钢丝圈的发展状况

钢领钢丝圈是细纱机加捻卷绕机构中的关键部件，在运转中配合的好坏及使用寿命既影响车速的提高又直接影响纺纱质量。目前国内外在提高钢领钢丝圈的质量，增加耐磨度和使用寿命方面做了许多研究，并取得很大进展，也是环锭细纱机技术进步的重要标志之一。

1. 国产钢领的材质、加工精度、制造工艺及热处理技术与国外相比存在一定差距，尤其是使用寿命差距较大。国产钢领一般使用6～12个月，新研制的国产钢领最多使用5年，而国外钢领可使用5～8年，有的达到10年。国产钢丝圈在锭速15 000～18 000 r/min时使用寿命约7天，镀氟钢丝圈可使用1个月，国外钢丝圈的使用寿命都在1个月以上，如德国某公司生产的陶瓷钢丝圈可使用105天。

2. 钢丝圈在钢领上的飞行速度最高达到50 m/s，自身温升很快很高，达到300 ℃左右，使钢丝圈上的一些金属物熔化在钢领内跑道上，严重破坏了相互间的啮合，使纺纱张力波动增大，纱线毛羽及断头相应增加。钢领钢丝圈配套使用时，分为磨合期、稳定期及衰退期三个阶段，钢丝圈使用寿命短的，稳定期也短，纺纱张力波动大，因此，增加稳定期时间是延长钢丝圈使用寿命的关键。

3. 目前我国广为应用的钢领材料大都是低碳钢(20 钢),金属经过切削后再渗碳、渗氮、磁化渗硫、淬火、低温回火处理而成。渗碳深度 0.4 mm,渗碳层深度在 0.1 mm 处含碳量为 1%,表面硬度不低于 HRC60.5。我国用量最大的钢领型号有 PG1、PG2、PG1/2 及 ZM 系列等,钢领钢丝圈要根据纺纱支数、品种、车速配套使用,PG1/2 为高速钢领,与 OSS 钢丝圈配套,纺纱张力稳定,毛羽少,国产钢领使用 6~12 个月时,回磨修复后再用 6 个月。

4. 国产钢领钢丝圈在 20 世纪 90 年代有了新的发展,如重庆纺织专件厂开发的 BC6 系列锥面钢领、钢丝圈使用寿命较长,钢领钢丝圈接触面积大,压强降低,磨损减少,延长了使用寿命,比 PG 系列钢领的纺纱张力峰值小,平均张力低,纺纱时毛羽少、断头率低;纱线通道比 PG 系列大,有足够的空间使纱线通过,抗契性能好;由于钢领钢丝圈配合接触面大,散热性能也比 PG 系列好。BC6 锥面钢领与钢丝圈配伍,钢丝圈可使用 28~30 天(细支纱,锭速为 16 000 r/min)。BC6 系列钢领一次性寿命在 1~1.5 年,但 BC6 系列钢领钢丝圈在性能稳定性及使用寿命上还要继续改进,缩短与国外钢领钢丝圈差距。

5. 近几年来,我国有的纺机厂开发了高碳钢、合金钢的钢领,引进了数控加工中心机床及热处理技术,大大提高了钢领质量,生产的钢领使用寿命长达 5 年左右,如恒信纺器公司生产的镀氟钢领钢丝圈在国内比较受欢迎。

无锡求盛纺器专件厂开发的新型亚光钢领利用特殊的表面加工工艺,采用细晶粒优质钢材,在钢领抛光基础上增加一道化学研磨新工艺处理,大大改善了钢领表面的粗糙度,降低了摩擦系数,并使钢领表面硬度趋于均匀,减小了几何尺寸的变形,提高了耐磨性及抗疲劳强度,使钢领表面不易衰退;同时改善了钢领散热性能,降低了工作温度。这种亚光钢领走熟期很短,甚至没有走熟期,一开始使用就使钢丝圈进入稳定期,具有纺纱张力小、细纱断头少的特点,一次性使用寿命较长。

普通钢领采用机械方法在一定的介质作用下抛光处理,它很容易产生内应力,并具有一定方向性的加工伤痕,同时在介质的冲击作用下,容易产生微小的裂纹纹路。这种内应力及裂纹纹路使钢领寿命缩短,抗疲劳性能下降。而亚光钢领在抛光加工后增加一道化学研磨工艺,降低了内应力,钝化了方向性的刀痕纹路,并能填补裂纹,改善了抛光钢领的许多缺陷,因此亚光钢领的实用性比抛光钢领好。

采用 SC-B5 型数字闪光测速仪对亚光钢领与抛光钢领进行对比试验,结果表明,亚光钢领具有如下优点:

(1) 亚光钢领上的钢丝圈运转稳定,跳动、振动频率及幅度都小,钢丝圈轮廓比较清晰,通道中积花少,宽畅干净。

(2) 钢丝圈在亚光钢领上运行速度稳定,停顿次数少,停顿时间较短。

(3) 亚光钢领上钢丝圈飞行造成的纺纱张力变化比普通钢领稳定,纱线碰隔纱板及纱管顶部的次数较少。

(4) 亚光钢领上的纱线通道比抛光钢领宽畅,外倾角也较小,钢丝圈运转平稳。

应用亚光钢领后,纺纱质量明显提高,3 mm 以上有害毛羽减少 10%~40%,单强提高 4.0%~6.0%,*CV* 值改善 0.6%~1.9%,纱疵减少 2.5%~6%。

6. 国外钢领材料主要选用轴承钢、高级合金钢等表面硬度为 HV600~800 的高硬度耐磨材料,并在金属加工、热处理及动力学理论等方面做了许多突破性研究与开发,推出了耐磨性好、寿命长、散热性好、抗契性好的新型高速钢领。

7. 瑞士立达公司采用 ORBIT 系列钢领钢丝圈，接触面积大，散热面增加，比普通钢领钢丝圈接触面多 4～5 倍，在锭速 25 000 r/min 时，钢丝圈线速度达到 55 m/s，工作仍很正常。该钢领采用轴承钢，热处理工艺好，加工精度高，耐磨性好，使用寿命达 8 年以上，钢丝圈寿命在 2 个月左右。立达公司采用高科技合金材料 Zenit 生产的高速钢领呈彩虹色，钢领钢丝圈之间无磨合期，运行 48 h 后完全进入正常状态，高速运转下无磨损现象，纺纱张力十分稳定。正是这种钢领、钢丝圈的出现，才使锭子速度可上升到 25 000 r/min，生产稳定，纺纱质量好。

国外纺机厂一般都同时研制开发与生产钢领、钢丝圈，同时考虑钢领钢丝圈的配套设计与加工，因此配套合理，如瑞士的布如克 ORBIT 钢领、钢丝圈就是一家公司设计与生产的，该钢领、钢丝圈的接触面比一般钢领、钢丝圈增加了 4 倍，扩大了散热面，延长了使用寿命。如图所示(图 6.1)：

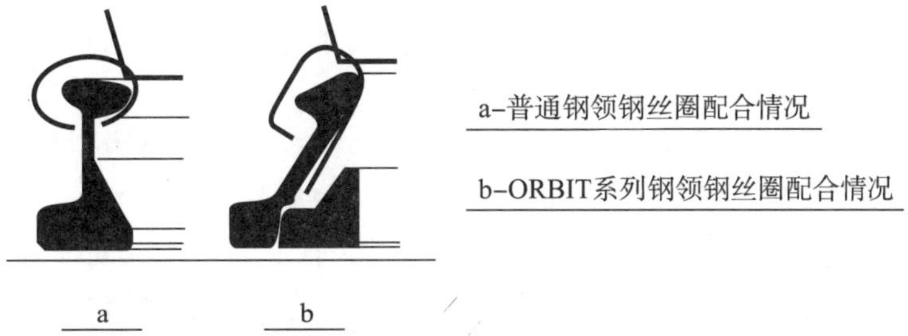

图 6.1　瑞士 ORBIT 系列钢领钢丝圈与普通钢领、钢丝圈比较

瑞士立达公司的高速细纱机采用 ORBIT 钢领、钢丝圈、HP S-25 高速锭子、P3-1 气动加压系统及新型轻质纱管(120 g)，锭速开到 25 000 r/min。

8. 德国 Tec 公司研制的 Geratwina 陶瓷钢领钢丝圈系列是高耐磨新技术的一次性钢领、钢丝圈，在锭速 17 500 r/min 条件下，运转 105 天，钢丝圈飞行路程为 300 000 km，相当于绕地球 7.5 周，而不出现损坏，大大减少了调换钢丝圈的次数，细纱断头减少 5%，效率提高，产量可提高 10%。

9. 瑞士 Bracker 是专门生产钢领、钢丝圈的公司，目前已在我国逐步推开销售，除了生产 ORBIL 系列外，还生产 Titan、Garat、Fbermo 及 Nora 等高速钢领、钢丝圈，配套使用可进一步降低细纱断头，钢领使用寿命可达 10 年，钢丝圈寿命也很长，根据不同的品种、纱支及锭速配套供应。

此外，英国、日本、美国等生产的钢领、钢丝圈的性能也很好。

第三节　上罗拉

纺织质量的好坏直接与牵伸元件的运转状态、专件的质量密切相关，有牵伸机构的机器包括精梳机、并条机、粗纱机及细纱机，其上罗拉(皮辊)及轴承的质量对纺纱质量的影响很大。

以并条机上罗拉的技术进步为例，国内许多生产纺织专件的企业在制造并条机时十分注意其前上罗拉(皮辊)轴承的质量状况。

1. 原普通并条机上罗拉(皮辊)经过长期运转发现有如下缺点，影响并条半制品的质量

(1) 由于老式并条机上轴承为滚针式、无内圈，滚针与并条轴芯直接摩擦，因此高速运转时

容易产生热量。

(2) 老式滚针式轴承两端无封闭圈，在运转中易漏油、溢油，使轴承缺油，加快轴承与轴芯的磨损，造成轴承接触面振动增加，使周期运转时振动波动加大，而且污染在纺半制品。

(3) 以往并条机上罗拉(皮辊)轴芯材质是普通低碳钢，仅靠热处理使轴芯两端硬度增加，中段没处理，因此，抗弯刚度低，容易产生弯曲，径向跳动增加，使生产的棉条产生机械波，条干不匀率在4%以上。

2. 并条机上罗拉的改进

综合上述普通并条机存在的问题，国内有不少生产并条机上罗拉的企业参照国外并条机上罗拉的质量要求、加工工艺、材质选配等方面的特点，组织研究与改进，新研制出的并条机上罗拉轴承对轴承作了许多重要改进。以江苏南通五洲机械制造厂为例，该厂生产的新型并条机上罗拉轴承及轴芯具有许多独特的优点，并获得了国家专利。主要改进如下：

(1) 以双列深沟轴承代替滚针轴承，由于球面轴承比滚针轴承磨擦系数小，从而使轴承与上罗拉轴颈(轴芯)之间的摩擦产生的热量降低了60%。

(2) 双列深沟轴承之间有较大的贮油空间，可防尘、防漏油，润滑条件好；双列轴承之间不仅贮油量大而且清洁，里面的油出不来，外面的飞花进不去，密闭性好。

(3) 改进了轴芯与轴承的配合，配有内圈轴承结构，轴芯与内圈相对静止，因此，轴芯具有较长的使用寿命，轴芯与轴承内圈之间锥形配合，同心度好，维护拆装方便，轴芯与轴套之间轴向窜动量仅为0.08 mm左右，而常规的普通轴芯与轴套的轴向窜动量为1～4 mm。

3. 效果

(1) 改进了轴承，轴芯的振动波形图对照见图6.2。图6.2为南通五洲纺织专件厂生产的普通上罗拉滚针轴承和新型轴承在并条机上检测的振动波形图。

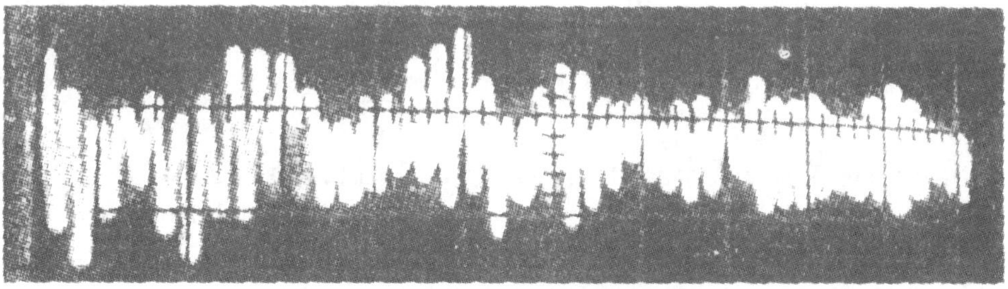

图6.2-1　普通并条机上罗拉轴承振动波形图

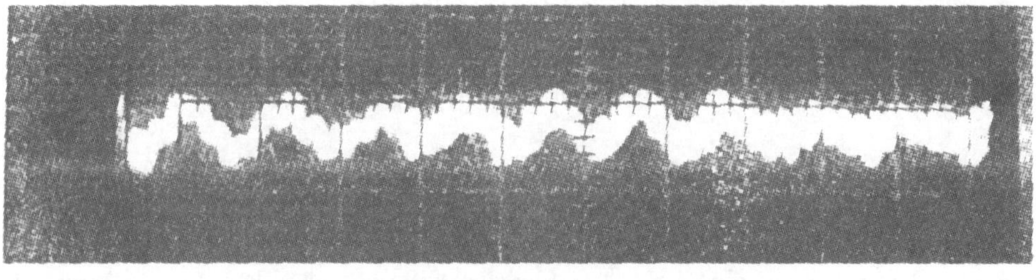

图6.2-2　新型并条机上罗拉轴承振动波形图

从2张图形中可明显看出，改进后轴承部分的振动比原来普通并条机滚针轴承的振动明显改善，而且波形平直、波幅小。

(2) 热处理工艺的改进。新型并条机上罗拉轴承轴芯采取很好的热处理工艺，使轴芯具有足够的强度及韧性，轴芯头部与轴套结合部分表面镀铬，保证在包胶硫化加工及平时使用不生锈。

(3) 新型并条机上罗拉轴承轴芯与轴套配合好，适于高速并条机选用，条子的质量亦有提高。

(4) 产品质量的改进：根据无锡一棉使用新型并条机的检测报告及河南予北纱厂及南通一棉的使用情况，由于轴芯、轴承振动小，棉条质量有所改进。

如无锡一棉对南通五洲机械制造有限公司的新型并条机上罗拉跟踪检测，结果表明：大面积皮辊在 FA312 并条机上的条干 *CV* 值平均为 3.009，新型并条机皮辊条干 *CV* 值为 2.911%(产品为精梳 7.29 tex(80 英支))。

南通一棉跟踪试验结果：产品 14.5C，引出速度 355 m/min，大面积原并条机上罗拉的并条 *CV* 值为 4.065%(宝龙 FA311 型并条机)，而采用南通五州新型并条机上罗拉的并条 *CV* 值为 3.725%。

河南予北纱厂，生产品种 C14.5，大面积普通轴套 4.23%，南通五洲新型轴套 3.3%。

(5) 新型皮辊运行状况良好，振动小，噪声低。南通五洲皮辊轴承振动值为 40 dB(A)；南通大面积生产的并条机轴承振动值为 54 dB(A)。

(6) 新型并条机轴承、轴套的使用寿命。根据国家标准 GB/T 6391-1995 规定的“滚动轴承额定负荷和额定寿命”，假如并条机罗拉转速为 4 000 r/min，折合使用寿命为 28 583 h，新型并条机上罗拉轴套大约有 90%的使用寿命达到 2～3 年。

我国无锡市曙光纺配厂、安徽八一纺器厂等生产的皮辊、轴承、轴套也有许多改进。

第四节　胶辊胶圈

1. 在环锭细纱机牵伸系统中前后罗拉及皮辊作用很大，尤其前罗拉皮辊与下罗拉对纤维的牵伸控制及握持很重要，目前普遍认为美国皮辊 ME666 性能好，利于纺纱。

美国及瑞士的胶辊质量好，配方中采用特别填料及化学配料，使皮辊具有高弹性、低硬度和内含电荷释放的成分，纺纱适应性好，抗静电性能强。如美国阿姆斯壮 J-463 及 MB-670、ME666 及瑞士贝克 MA66T 胶辊的性能都较优良，能与下罗拉形成很好的握持。这些胶辊具有以下特点：①耐磨，使用寿命长；②韧性好，抗损坏性能好；③膨胀变形很小；④不需要另外表面处理；⑤抗静电性能好，适应性强；⑥胶辊光滑圆整，无搭接接头。

高质量的罗拉皮辊是生产优质纱的关键，皮辊使用寿命长、损坏少、纺纱断头少、绕花衣现象少等都是纺织工程所希望的。

2. 多数上皮辊采用合成橡胶制成，合成橡胶是一种复杂的材料，影响材料性质的因素很多，如材料的质量、配料计量精确度、各种原料在合成橡胶中的混合分布均匀状况、生产工艺及贮存条件、温湿度等。许多国外皮辊的合成橡胶经过不断发展改进，使皮辊质量大大提高，经久耐用，在使用过程中按一定范围进行反复研磨与维护，大大延长了使用寿命。

国外设定邵氏 72°以下低硬度胶辊即为软胶辊，使用软胶辊可使浮游区缩短 1.5～2 mm，握持力比硬胶辊大，握持不匀率可改善。我国规定皮辊硬度在邵氏 65°左右为软胶辊。

目前除美国阿姆斯壮公司外，瑞士贝克公司生产的皮辊性能也很优良，都属于不处理软弹皮辊范畴，如瑞士贝克 HA65T 及 HA66T。

3. 近 20 年来皮辊的制作有了很大的发展，有电动、液压、气动及人工操作的精密套压机等设备，制作质量很高，国外应用电动液压的方法较多，制作精度很高。正确选择皮辊套差及精细的加工制作是皮辊使用寿命长，运转状态及成纱质量好的重要因素。

近年来磨胶辊机已发展成全自动磨砺系统，包括磨砺、测量、分拣和表面处理等多功能设备，如 Bevkolized 磨皮辊机。此外，还有轻便式检验仪，检查皮辊表面磨后的粗糙度(Ra 值)。理想的表面加工要达到如下设定的 Ra 值：特细表面加工 $Ra=0.4\sim0.6$，中等表面加工 $Ra=0.7\sim1.0$，粗糙表面加工 Ra 为 1.0 以上。皮辊表面粗糙度会影响皮辊绕花衣，特细表面加工的皮辊很少绕花衣。

4. 皮辊的表面处理。皮辊表面处理受气候、纤维材料、纱线支数、机械条件及其他因素的影响，现在国内外大都推广应用紫外线照射技术，而其他表面处理技术，如涂层处理因影响环境已不使用。照射时间与皮辊使用现场条件、胶辊材料质量和硬度、成纱质量要求、气候条件(车间温湿度)、处理皮辊的数量、皮辊材质和质量及处理后的皮辊硬度等有关，新型 Berkolized 皮辊处理机最佳照射时间可参考如下数值：

粗纱机皮辊：4～8 min；并条机皮辊：5～10 min；精梳机皮辊：5～10 min；环锭细纱机皮辊：3～5 min。Berkolized 照射处理机处理皮辊表面很细致，并采用扫描式电子显微镜检测，选出优质皮辊，不会出现质量低劣或较差研磨加工的产品。

5. 新型皮辊处理机减少了老式磨皮辊机启动时发生的问题。这种新技术加工的皮辊，绕花衣现象显著减少，对纤维的握持力增强，无滑移现象。新型皮辊处理机比普通处理(磨砺处理)细纱接头时间减少许多，在 1 008 锭细纱机上头 3 个小时的断头数普通磨皮辊机加工的皮辊为 68 根，而新型皮辊处理机加工的皮辊仅为 12 根，且基本无绕花衣现象发生。

6. 根据胶辊的磨损及成纱质量情况，在规定周期内进行回磨，磨后再次进行照射处理。按直径和回磨次数分类使用，同档皮辊严格控制直径差异，要保持良好的同心度。国外还配备专用油脂枪对胶辊轴承进行润滑，油脂枪可任意调节加油量，并保持牵伸部位清洁。

目前，美国阿姆斯壮及瑞士 HA65、HA66 皮辊在加工一定支数范围内的纱线时都做到只磨砺不处理，因此对皮辊磨砺加工要求很高。

此外，不论哪种牵伸形式都已采用软弹皮辊，因此软弹皮辊的质量，特别是耐磨性、硬度、弹性等都十分重要。皮辊是牵伸机构的主要部件，尤应注意开发、应用与提高。

7. 我国有些国产胶辊，产品质量及纺纱适应性、纺纱质量都与美国阿姆斯壮及瑞士贝克胶辊接近，但进口胶辊使用寿命长。加工同样细支棉纱，国外皮辊三年时间仅回磨一次，而国内皮辊至少一年回磨一次。国产不处理胶辊可以代替进口产品，最新国产胶辊的某些性能已超过进口胶辊，纺纱质量基本相同。国外胶辊的使用寿命比国产胶辊长 2～3 年，但价格比国产胶辊贵 3 倍左右。

8. 皮圈。国内外对皮圈的质量要求很高，因为它是细纱机上重要的牵伸元件，皮圈的加工工艺、性能及质量对纺纱质量影响很大。为了加强对主牵伸区快速纤维的控制，在中前罗拉之间配备良好的皮圈控制系统，目前采用的有双短皮圈及长短皮圈式。在长短皮圈系统中，下皮圈配有张力装置，因此下长皮圈运动比较准确；在双短皮圈系统中，对下短皮圈的制造及下销等尺寸精度要求较高，要具备更适当的硬度及弹性。

(1) 国内外皮圈内层有花纹，既做到与中罗拉传动准确，摩擦系数高，又做到与前下销配合精确、滑动好。为了使皮圈对下销的滑动更加灵活，下销已改为四氟乙烯涂层。

(2) 在牵伸形式中，SKF、R_2P、INA-V 型都是采用长短皮圈式，HP 是双短皮圈式。立达公司生产的 P3-1 气动加压是三罗拉双区长短皮圈形式，上下皮圈配置为非对称式，进一步缩小了浮游区，加强了对纤维的控制(图 6.3)。要求皮圈内径、长度、厚度尺寸准确，厚薄均匀。皮圈内径应当下圈略紧，上圈略松。由于下圈是主动件，要求尤其严格，下圈的张力要适当，对双短皮圈的下圈尺寸要求十分严格，为使下皮圈线速度能始终与金属罗拉保持一致，必须有适当的内外表面摩擦系数。

此外，皮圈伸长率要低，而且伸长要均匀。皮圈材质必须具有抗静电、耐油、耐污染、耐臭氧等性能。

(3) 我国目前也生产各种内花纹皮圈，如 WRA-0105、MD-60，使用效果与美国阿姆斯壮的皮圈相接近，主要差距是使用寿命比国外先进的皮圈短。

(4) 细纱的牵伸机构是细纱机的心脏，因此对牵伸罗拉、皮辊、皮圈、摇架加压形式以及上、下销等专件要继续努力提高性能，尤其要在材质、加工工艺维护保养上下功夫，以提高纺纱质量，减少纱疵，改善纺纱均匀度。

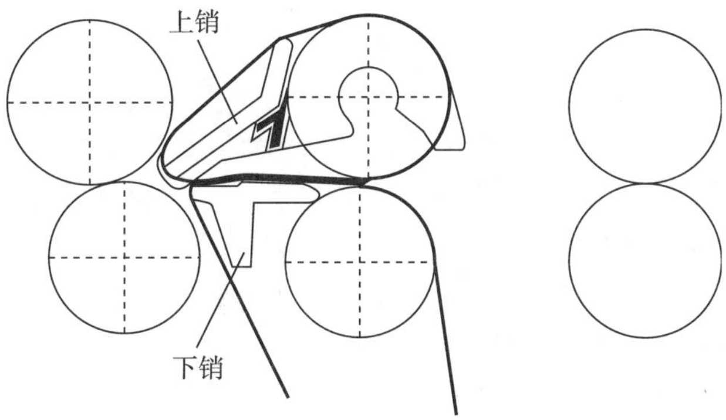

图 6.3　上下皮圈配置为非对称式

第五节　上下销、集合器及隔距块

1. 上销

对国际上四种牵伸型式 SKF、R_2P、HP、INA-V 进行分析，弹性工程塑料上销具有较大质量优势，主要特点体现为材料由工程塑料碳纤尼龙复合注塑而成，其硬度、刚性、耐磨性优于金属材料，不易产生变形，表面摩擦系数小，使胶圈在运行中阻力小，磨损减少，运行平稳，使用寿命增加。销架内有伸缩弹簧确保胶圈始终保持一定的张力和弹性，并能自动调节上胶圈张力，防止胶圈伸长变化而导致上胶圈运行状态的变化。成纱 CV_b 值改善明显，但弹簧衰退疲劳应引起高度重视，特别是使用年限寿命期的控制。

国产新型弹性工程塑料上销在后区还可加装压力棒装置，为开发细纱机后区、加大粗纱定量、适当提高细纱后区牵伸倍数和总牵伸倍数提供了工艺条件。

2. 下销

上下胶圈和上下销共同组成前牵伸区和钳口，加强对牵伸须条中纤维的控制。下销形状直接影响浮游区长度和中区摩擦力界强度，对皮圈平稳运行、减少滑溜差异也有较大影响。

新型下销改进原理是变速点前移和牵伸区摩擦力界强度的改变，以及减少前胶辊反包围弧。主要在形状尺寸上做改进，以达到进一步提高纱线条干均匀度和稳定纱疵。改变下销有效控制点的位置，缩短下销前端直线部分的尺寸，缩小前罗拉钳口与皮圈钳口的距离，降低下销前部直线与后部直线高度差，减小下销前半部直线长度，从而使上下皮圈之间对纤维的控制力加强，前牵伸区中部摩擦力界分布更为合理，减小了浮游区长度，下皮圈运行更为平稳，使快速纤维运动更接近前罗拉钳口。

在生产实践中，提高条干均匀度与纱疵是一对矛盾。理论上体现为握持力与牵伸力的合理配置，在改变下销尺寸，提高条干均匀度的同时，一定要确保握持力的有效和稳定，防止牵伸力过大及波动而导致纱疵的波动。在实际应用中，对牵伸工艺参数要作适应性调整，上销、下销的配置要能使快速浮游区尽量减小，上销、下销的表面与上下皮圈间的摩擦力小，使皮圈运转灵活。

我国黑龙江肇东纺织器材厂生产的下销很好，可有效地减小浮游区并使下皮圈运转灵活，受到业内的欢迎。

3. 集合器（集棉器、红芯子）

在我国老式的环锭细纱机上一般都配有集合器，后来由于加压机构由杠杆式加压改为摇架式弹簧加压及纺纱速度的提高，集合器在牵伸钳口的浮游区不能得到很好的使用，使细纱条干恶化，起不到集束须条、减少毛羽的作用，目前大都不用，但有些管理好的企业为了减少细纱毛羽依然在用，而且效果较好。说明集合器是有用的，尤其在集束不牵伸、牵伸不集束的理论指导下，如能正确使用集合器，会使其起到积极的作用。如新型四罗拉三区牵伸粗纱机的牵伸机构，真正体现了集束不牵伸、牵伸不集束的理论，前区成为整理牵伸，在前区能很好地利用集合器使粗纱须条宽度减小，提高了粗纱及细纱的纺纱质量。如果把这个理论用到细纱上去，可能会对提高纺纱质量、减少毛羽起到很积极的作用。

新型罗卡斯的紧密纺机构实质上也是起到集合器的作用，遗憾的是他们把它放在纺纱加捻区了！如果改变一下细纱的牵伸分配，把罗卡斯的紧密纺机构放到前罗拉内，其紧密纺的作用可能会更加理想。

4. 隔距块

隔距块的作用是根据纺纱支数以不同厚度的隔距块控制上下皮圈钳口的距离，制造合理的摩擦力界，有效地控制纤维的运动，纺好纱。

第六节　织机用钢筘

织机用钢筘分为普通织机用钢筘及喷气织机用钢筘两大类。

1. 普通织机用钢筘又分为胶合筘及焊接筘两种，棉织用钢筘有单层筘及双层筘两类，双层筘多用于高经密或股线织物。

（1）一般胶合筘片由低碳钢制成，含碳量为0.42%～0.65%，含硫磷不高于0.04%。筘片要光洁无疵，棱角光滑，筘面要平整无凸凹现象；筘齿排列均匀，无明显的大间隙，大的间隙不大于30%；筘片间要平行并与筘梁垂直，筘帽用厚度为0.30～0.35 mm的铁皮制成，表面要电镀防锈处理。

（2）焊接筘的制作比胶合筘好，是全部由金属制成的，分为平筘及异形筘两种。平筘多用于剑杆、片梭等生产高档品种的高速织机；异形筘是喷气织机专用的优质钢筘，由不锈钢异形筘齿、直齿、铝合金筘梁、筘边、不锈钢半圆、不锈钢专用黏接剂等制成。不同的喷气织机采用不同的异形筘，暂无统一的标准。多喷嘴宽幅喷气织机，在织造不同号数、不同纤维的经纱以及不同型号的喷气织机要选择不同的异形筘槽。

2. 喷水织机用的钢筘是用不锈钢筘片及不锈钢筘边焊接制成的。

3. 筘号的选择

(1) 公制筘号(齿/10 cm)＝ 经纱密度(根/10 cm)×(1－纬纱织缩率)/地组织每筘穿入经纱根数)。

(2) 英制筘号(齿/英寸)＝经纱密度(根/英寸)×2×(1－纬纱织缩率)/地组织每筘穿入经纱根数)。

(3) 筘号选择的经验公式：

英制筘号(齿/2 英寸)＝[经纱密度(根/英寸)－1/地组织每筘穿入经纱根数]×0.95×2＋不同经密纱支。

(4) 公英制筘号换算公式：公制筘号＝1.0968 ×英制筘号，英制筘号＝0.508×公制筘号。

纺织器材的发展是我国纺织工业发展的基础，纺织器材是纺织工业生产的核心，因此必须花大力气发展好我国的纺织器材及纺织专件，为我国纺织工业的发展创造条件，为提升我国纺织工业的水平作出贡献。在发展我国纺织器材工业时，要瞄准国际先进水平，积极采用新材料、新工艺、新技术、新设备，努力赶超世界先进水平，为把我国建成世界纺织强国而奋斗！

第七章

纺织生产自动控制与自动化的发展

20 世纪 80 年代以来，从原料进入车间到纺成纱以及织成布的各个工序，在提高自动监控水平的基础上加快了纺纱速度，缩短了纺纱生产周期，并逐步实现了许多自动化生产线，纺纱生产有的已实现了无人车间、无人工厂、无人工序，织造生产也在自动化进程中加快了步伐。自动化的实现及自动监控水平的提高，不仅减少了用工数，提高了机器运转效率，而且显著提高了半制品及成品质量，使棉纺织工业走向高科技阶段。估计再经过若干年时间，不论纺纱及织造工厂都将在自动化进程中向着更加完善、更加高级的水平发展，或许会实现无人纺纱及织造工厂。

由于计算机集成制造(CIM)技术、传感技术及变频调速技术与纺织技术的结合，使得纺纱工程自动化有了突破性发展，纺纱工程的全自动化已成为事实。全自动化织布工程虽然目前尚不能实现，但随着时间的推移，将使织布工程全自动化。CIM 技术的建立是纺织生产自动化的最根本保证，它汇集了各种技术组合，如：①微机控制的纺织机械；②在线自动控制；③原料及半制品的自动运输；④工厂信息网络；⑤机器的智能专件系统软件。

第一节　纺纱生产自动化

一个环锭纺纱厂生产可用的自动化装置有 59 种，目前大约应用了 45 种，而普通纺纱厂的自动化程度仅为 15%～20%，只有 12 种自动化装置。

原料及半制品的运输：CIM 工厂中许多自动化装置用于原料的处理及运输，如纺纱生产从原料至生条、生条至熟条、熟条至粗纱之间的自动运输，这些都已有成熟的自动运输线，甚至有的纺纱厂从棉包进入到成品纱装箱出厂，整个生产过程不再需要人工介入。

目前已实现的纺纱厂自动运输方式有：将原料从空气管道中运输至梳棉机形成生条；梳棉—并条之间的条筒自动运输线；精梳机条卷的自动运输；并条—并条之间的条筒自动运输；并条—粗纱之间的条筒自动运输；粗纱—细纱之间的粗纱及粗纱管的自动运输；细纱—络筒之间的连接；筒子纱到打包间的自动运输。

1. 原料和半制品自动运输的投资很大，一个完全实现自动运输的纺纱厂，每一只环锭纺纱锭子的成本将增加 32%，这还不包括细络联的费用。假如一个环锭纺纱厂的设备总投资为 2 000 万美元，其中用于自动运输的投资将占 600 万美元。

2. 不同形式的原料自动化运输装置附加的费用大不相同，主要取决于半制品的卷装尺寸。运输体积大的卷装，如条筒、精梳卷等的附加费用为 2%～3%；而对于运输小的卷装，如粗纱、细纱及纱管，所增加费用为 10%～12%，因此自动运输设备投资的回收周期比生产设备的投资回收期要长。

3. 对于提高产品质量作用显著的自动运输线，如清梳联、细络联两工序比其他工序之间的自动化更为重要。

（1）清梳联空气运输原料的过程，加强了对除杂、均匀混合及渐增开松、精细分梳的作用，显著提高了生条质量，尤其生条重量不匀率可下降到 1%～1.5%，对控制纱线的重量偏差及提高内在质量起到了关键性作用。

（2）清梳联的实现应归功于开清棉向梳棉机供应棉絮的自动给棉箱技术，双棉箱应用压力传感器控制棉箱的棉絮密度，使棉絮均匀喂入梳棉机，从而降低生条重量不匀率及条干不匀率。

（3）细络联不仅节省了较多的劳动力，而且在细络联中建立起质量跟踪的自动监控系统，可以将细纱机造成的纱疵消灭在初始状态，减少了质量事故的发生，对提高纱线质量具有显著的作用。

4. 条筒的自动运输

（1）并条—粗纱、粗纱—细纱的自动化联接以及精梳条卷的自动运输，对于发展中国家纺织工人工资较低（亚洲地区工时工资最低 0.4 美元，最高 3 美元左右，日本除外）的情况下，自动运输并不那么重要，但对于发达国家，工人工资较高的欧美及日本等国的工时工资为 15～25 美元，实施自动化生产，以减少用工、降低劳动成本，提高产品成本竞争力是十分必要的。目前像美国等发达国家的用工经过一系列的自动化改造后，每 4 万纱锭用工仅为 100 人。世界上发展中国家吨纱用工 29 人，发达国家吨纱用工很少，美国仅为 4 人，日本为 10 人，件纱用工费由 10%～20%下降到 10%以下，美国等下降到 7%，与发展中国家劳动工资在成本中占的比例相接近，在国际上与发展中国家低工资成本具有竞争力，这就是发达国家实现全流程纺纱自动运输线的真正目的之一。

目前世界上已出现无人工厂、无人车间的范例，尤其在美国新型纺纱系列中，无人工厂、车间已有不少应用。

（2）条筒的自动运输是实现生条—并条—熟条—粗纱、精梳条—并条—粗纱之间自动化联接的关键。条筒运输的主要问题是能自动区别供应的纺纱支数的生产流程，能受控于计算机，一方面准确将各种品种、各种支数的生条、半熟条、熟条、精梳条按照需要运输到指定的贮备地点；另一方面还必须将带有一定回花、回条的条筒按照纺纱支数的路线运回到指定地点并进行自动清洗，将回花分类存放，不得混支。现代化自动条筒运输线已实现了上述功能，对提高产品质量起到了很好的作用。条筒自动运输系统“cantrac”是棉纺厂实现全自动化的重要内容之一：

① 并条与转杯纺之间的条筒自动运输生产线

可铺设运输轨道，将并条机与转杯纺纱机连接成生产线，“cantrac”系统完成对所有转杯纺纱机的满筒进行连续不停的分配，保证将满筒及时输送到需换筒的位置。将用完棉条的空筒，或将满筒贮存在靠近转杯纺纱机需要换筒的地方，以保证及时供应满筒条子，空筒换下后立即运送到其他地方。

② 头并、二并条之间的自动生产线，“can-connect”系统将头、二并条机直接连接起来，其功能如下：

A. 自动将头并条机生产的满筒排放在二并条机导条架附近；

B. 当条子在筒内用完立即插入满筒，并同时运出空筒，由横向运动装置运到空筒排放位置；

C. 自动将空筒输送到头并条自动换筒机构附近。

③ 精梳机—并条机或并条机—粗纱机自动运输。自动运输系统将满筒从精梳机运到并条机的导条架位置并将空筒从并条机运回到精梳机，或将并条的满筒运送到粗纱机导条架位置并将空筒运回到并条机自动换筒位置，条桶运输不用轨道可直接在地板上进行，空筒换满筒由滑车完成。如一排条筒用完，由操作者将条子接好并将空筒取出自动运输到并条机位置。这些功能都由操作键盘控制，在并条机或精梳机上空桶装满后再运送到需要换筒的机器位置。

5. 自动运输线对产品质量的保障作用

(1) 在空筒回到并条机或精梳机之前，要经过清洁站将残余在条筒中的棉条清除，从而消除不同棉条混用及污染问题。

(2) 棉条筒上标以显著标记，这些标记经过传感器进行检测，并由控制中心监督控制，保证条筒不会用错。

条筒可按品种规定准确到达指定的并条机、转杯纺纱机或粗纱机循环使用。由于条筒容易区别并准确到达指定机台，从而杜绝了混支混料的发生。

如果并条机不用自动条筒标记及有关顺序标注，则需要对条筒进行检查，消除质量不符的棉条，挡车工必须在每次使用的条筒上加注标记才不会出现问题。

6. 粗纱管的自动运输

"Neuennauser Textra"是一种灵活的粗纱管运输系统，有自动落纱机构、换粗纱机构及升起机构与各种自动纱管清洁系统相连接，应用计算机对生产的半制品进行监检。

在整个系统中，有固定或活动的连接系统、换粗纱系统，在纱架上将空管换成满管。这项自动化设计具有以下优点：

(1) 有保证产品质量的功能：①对半制品采取不接触的运输方式；②防止混支；③应用自动纱管检查半制品质量并控制原料情况。

(2) 重载升降灵活，运输时间减少。

(3) 对全部产品进行检测，显示器监视全过程。

(4) 运输系统灵活，可通过不同高度(楼层之间运输)。

(5) 根据需要有不同的落纱机构(如升降机、换棉条装置等)。

(6) 自动纱管清洁系统可与全自动系统相联。

7. 宝塔管的运输

(1) "Autoflow"自动络筒管运输系统包含质量保证的新概念，其优点为：①连续运输，中间不停；②落纱时间短(约 5～7 min/台次)；③提高生产效率；④纱线卷绕精密，有专用运纱系统；⑤使络筒机正常运转不出现停、开现象，防止脱圈现象产生。

(2) "Autoflow"系统可增加产量。"Autoflow"自动装置减少了生产时间及费用，如转杯纺纱机可同时生产不同支数的纱，生产效率提高，落纱时换管动作采用滑车式，卷绕不满的筒子纱也被落下。新的卷绕开始于落纱周期时间，使落纱时间减少，提高了转杯纺纱机的效率。

(3) "Autoflow"系统对转杯纺纱质量的保障作用。转杯纺纱或络筒机的卷绕质量，与人工落纱及卷绕相比较其产品质量是后者无法比的。筒子纱运输在传送完成后再将筒子纱自动放入栏内或钉盘上，分品种、纱支运输，不会发生错支，特别对减少织机、整经机断头及停台有明显效果。

(4) 减少用工费用。因为取消了落纱及卷绕等一些笨重而多余的劳动，每班可节约许多人。

(5) 生产费用低。将不同批次产品从生产机台运到下一站是由现代化物流控制技术所控制的，系统最后的中心集汇站可一次从不同集中站汇集 36 个批次的产品。这种新的贮运方式可排除纺纱厂物流运输中的批次混乱，汇集站可完成自动搬动、称重、包装及做标记等。

8. 筒子的质量试验

半自动"Quality ident"筒子纱鉴别系统很容易将问题反馈到运行的络筒机上，采用这种质量控制系统鉴定筒子纱质量具有以下优点：①可连续控制给筒中的疵点；②自动检查出有问题的卷绕头；③可改进卷绕质量，保持质量高水平；④显著减少由于卷绕疵点造成的再卷绕；⑤减少加工费用；⑥提高络筒机加工能力，减少落纱人员；⑦减少材料消耗及能耗。

9. 全自动"Check'nflow"筒子纱试验站

(1) "Check'nflow"具有连续对经过的筒子纱检验卷绕质量的功能，每小时约检验 900 个筒子，每个筒子纱的检验时间为 4 s。自动将纺纱或络筒机的卷绕质量经计算机转化为数字输出，对卷绕质量的评价经计算机系统处理后，以图形方式将纱线卷绕质量的信息输出。

(2) 主要检验内容包括：①原材料混合情况；②纱线贮存情况；③卷绕直径；④卷绕形状；⑤卷绕对称情况；⑥纱管的颜色；⑦筒子纱重量；⑧脱纱现象；⑨带状卷绕现象。

(3) "Check'nflow"可通过计算机报告出转杯纺或络纱头的数量，并鉴别每个纱管的断头数、清纱曲线、纺纱及卷绕故障等，以便尽快消除故障。以上自动检测可获得如下结果：①鉴别出不标准的管纱；②快速消除疵点并进行相应的机械维修服务；③提高纱线质量。

10. 纱线作标记

管纱或筒子纱的标记系统"Tubelab"与"Check'nflow"相联接，可直接连续对检验的纱作标记。保证每个筒子纱所有的质量数据及疵点都明确标记出，或以条码形式标记出。

发展中国家暂时还不必要设置生条—并条—熟条—粗纱，精梳—并条—粗纱的条筒自动生产线。这种自动生产线技术含量高、投资大，发展中国家如实现条筒自动运输收益并不高，尤其粗细联自动生产线技术比较复杂，投资更高。

11. 纺纱工程自动监控技术的发展

(1) 20 世纪 80 年代以来，纺纱工程的自动监控技术有了很大的发展，对于提高产品质量及生产效率起着重要的作用，如清梳联双棉箱喂入梳棉机的自动给棉系统；梳棉机棉结自动监控技术；自动磨盖板、磨锡林针布技术；自调盖板锡林隔距技术；自动调节后车肚落棉技术；梳棉机、并条机、精梳机的开环、闭环或混合环自调匀整技术；并条机粗节监控系统；粗纱机卷绕张力监控系统；计算机控制下的四单元传动的粗纱机牵伸卷绕系统以及自动络筒机电子防叠、张力控制系统等都已发展成熟，并且随着时间的推移，许多在线监控系统还将进一步发展。

(2) 纺纱与织造的联接

①把细纱工序、络筒工序联接起来，形成细络联自动生产线。在全能纺织厂中，筒子纱可从络筒机上通过高架运输装置，经过具有自动功能的装置运输到整经机工序，然后将筒子纱自动放到整经纱架上，也可贮存在贮纱站中，作为纬纱送到织机上。

②将筒子纱经自动运输线直接运到整经机，可降低生产费用，主要表现在三个方面：取消了人工装筒子纱；取消了半制品中转库存；减少了卷装在运输过程中的损伤。

筒子纱自动运输过程的实现，将使一个 3 万锭纺纱厂供应 300 台织机，每班仅可减少 2 个运输工，与自动生产线的一系列自动化设备投资相比较，显然是不合算的。

第二节　织造生产自动化

织造生产自动化在近期经过努力将会成为现实。

1. 织造工厂共有 6 个生产工序，即络筒、整经、浆纱、穿经、织造、检验及成包，这中间共有 16 个自动化点，其中 12 个是半制品的处理加工及运输，仅有 4 个点用作机器自身的自动化，其中浆纱及织机由自动程序控制，如喷气织机断头的自动寻纬、自动修复、开机、自动经纱断头检测及定位、计算机对织机本身的自动控制等。

2. 在织布厂，2～3 台浆纱机可供应 200～300 台高速无梭织机，现代织造工程中实现了快速换织轴功能。因此需要在上织机之前，浆纱与织机之间贮备一定数量的织轴，一般贮备量是供应织机 1～2 天的经纱用量。

3. 织机的自动化是逐步进行的，首先应用计算机使织机的许多操作功能自动化，并与输送经轴、纬纱筒子运输自动化相结合。第二步，能处理纬纱断头，实现电子寻纬、断纬修复、自动开车、电子送经、电子卷取等，以保障织机的效率及产品质量。目前新型织机大都已采用了快速换轴、自动断纬修复、电子卷取、电子送经等自动监控技术，使喷气织机、剑杆织机进一步走向自动化。第三步，进一步研究发展半制品运输的自动化。

4. 自动结经机及自动穿经机是经纱方面织机自动化的重要手段之一，不需要人工穿经、结经。在实践中自动结经机仍存在误结的现象，因此，使用结经机固然可提高织机使用织轴的效率，但仍然有必要应用人工对自动结经机上的工作进一步定期整理，即三结一穿或三结二穿的人工辅助整理过程。自从模块化快速换经轴技术应用以来，自动结经机在线工作已改为离线工作，不存在误结的现象。

5. 在 2007 慕尼黑 ITMA 上展出了全自动穿经机及结经机。STAUBLI 等公司开发的全自动穿经机及结经机新产品改进了织前准备的自动化水平。

(1) STAUBLI 公司展出了新的全自动穿经机 SFIR，取代了原自动穿经机。经过 20 多年的研究与试验，自动穿经机 SFIR 具有许多新技术，可适应多种织机，可以穿多片经纱综框吊综元件，并可在穿经之前检查每根经纱的粗细及经纱的颜色。这个功能可防止综丝内出现双纱并消除穿经图案中重复出现的疵点，这一项重要的进步提高了织前准备的质量。每根经纱由穿经机上的真空抓钳抓取以完成穿经动作，穿经机上配有光电系统，以控制自动穿经动作，双纱检测器可防止任何双纱绞在一起，每分钟可穿 200 根经纱。SFIR 的主要技术数据包括可将 1 片或 2 片综 8 列经纱穿入综丝眼里，每根经纱要穿两根不同的综丝，每厘米可穿 50 个筘，有自动双纱检测及对色纱颜色的鉴别功能，利用屏幕显示自动监控图案颜色的循环。新型 STAUBLI 自动穿经机不仅能穿细支纱，还可很方便地穿粗支纱，最适于穿中、粗支纱，是很理想的自动穿经机，同时具有自动化网络的特点。现代电子技术使自动穿经成为现实，而且在穿经前光电传感器可分别检测每一对纱的情况，将纱疵检测出来并可很简单地予以纠正。这是 STAUBLI 自动穿经机的专利技术，它可很可靠地完成纱疵检测的任务，并且不需要一些特别的元件，也不需要进行专门的调节，保证不会有双根纱同时穿入一个眼里。

(2) Titan Textile Machines 是西班牙的一家纺织机械公司，主要生产穿经机及结经机。2007 慕尼黑 ITMA 上展出了两种新产品，即计算机控制的半自动穿经机及 KM 系列结经机。半自动穿经机带有全自动运输系统，可以在穿经机(包括停经片、综片、钢筘)与贮存站之间自动运输(包括已穿好综的综框)。穿经过程由计算机控制,包括自动选纱、停经片及织轴,可自动显示色经的颜色。这个系统是十分经济的,因为可节省劳动力,而且在织轴及钢筘上的疵点很少,可减少换轴时的停台时间,提高织造车间的产量。

6. 计算机技术使织机本身实现了三个方面的自动化,即监测织机运转性能,织机工艺参数自动调节,优化织机性能。

(1) 织机纬向停台的自动处理

织造自动化使用最早而且使用最广的是纬向停台的自动处理,其发展分两个阶段:首先是纬向停台,纬纱没发生断头但仍在梭口中;其次是引起纬向停台的纬纱断头,断头发生在梭口中或经纱织口的后面。目前这些检测引起织机纬向停台的技术已十分成熟。

喷气织机的纬向停台中,自动寻纬、自动修复、自动开车的技术可以处理60%~70%的纬向停台,从纬停到修复开车占用的时间为30~45 s,因此纬向停台占用的时间很少。如果每台自动监控装置增加2 000美元,则需要2~3年时间的回报。

(2) 自动处理经向停台

修复并重新启动经向断头引起停台的技术比纬向停台的处理要复杂得多,第一阶段必须实现经纱断头自动定位及启动,这项技术已在新型喷气织机上普遍应用,由于该启动很快,因此显著减少了经向停台时间。

由于有经向断头定位,减少了织布工找头的时间。新型自动化装置不仅可将断头定位,而且还提供断头信号指示,便于挡车工找头、结头、穿引及启动,节省了许多时间。

对于经纱断头自动修复、自动启动开车等项动作,完全实现自动化在经济上是否合算的问题,尚要进一步研究。因为经纱定位、结头、重新穿纱及自动启动等动作十分复杂,而且这些机构比较昂贵。在正常状态下每10万纬经纱断头数为1~2次,即每台织机几个小时才断一根,完全可由人工进行处理,不必要应用这种昂贵的自动化技术。

(3) 自动换轴

全自动换轴技术尚未实现,但在多种织机上早已实现了半自动快速换轴技术。快速换轴可节约时间,简化结经动作,也可更换织物品种,目前在许多先进的喷气织机的生产运行中已推广应用了这项新技术。

(4) 自动落布

一种自动导向的落布车AGV(Automatic Guided Vehicles)可自动装卸织机上落下的布并自动运输到贮存地点,它具有全自动功能,不需要人工介入,而且落布过程不需要停台。AGV上装有机器人,可以完成落布、切断、生头等全部动作,这种自动落布机构比较精美完善,但价格较昂贵,每台织机要增加4 000~6 000美元。由于实现了自动落布,而且落布过程不必停车,因此减少了织机停台时间,提高了织机的效率。

(5) 自动换纬

一台布机如果配置全自动换纬装置,费用将增加5 000~8 000美元。如果纬纱的卷装尺寸进一步增大,一个筒子纱在织机上可用24~48 h,那么需要1~2天才换一次纬纱,自动换纬的作用就不那么重要了,因此自动换纬技术可暂不必采用。

(6) 自动验布

乌斯特公司向纺织企业推出了全自动验布机,它可以取代人工自动验布并分等、开剪、对疵点打标签,验布工在1 h内最多发现200个疵点。人工验布集中力最多维持20~30 min,超过这个时间验布工会产生疲劳,验布速度仅为5~20 m/min,超过这个速度会出现漏验。

自动验布机是依靠光源的反射及导光作用进行验布的，正常验布速度可达到 120 m/min，是靠终端控制系统工作的，被验出的疵点在屏幕上即能显示报告，快捷简便，能适应高频率疵点或很少发生的新疵点，并具有记忆功能，可计算处理 250 个疵点。

应用自动验布机可对织物进行分级，并进行受检织物疵点的统计及贮存。自动验布机使织物检验走向了自动化，相信经过一定时间的继续努力研究，自动验布技术会走进更多的纺织企业，形成自动化的重要环节之一。

即使织造工程全部采用现代自动化技术，工厂里仍然需要一定数量的劳动力，但劳动力的数量比传统的织造工程要减少 50%～70%，由于一般劳动力费用占整个织造费用的 25%，因此可降低织造成本 8%～12%。

第三节　纺织生产的信息化网络技术

1. 国外许多纺织厂可通过计算机双向通信，从网络中直接调配纺纱原料，了解原棉质量情况，实现对纺纱生产的原料控制，根据纺纱品种、纱支直接与供应商从网络中调配原料的等级。

2. 双向通信是目前纺织生产中广为应用的电子技术，几乎每台机器上都设有显示屏，一方面可以及时反映生产运转中的许多技术数据，如速度、产量、停台时间和频率、生产效率及有关生产工艺数据；另一方面可实现人机对话，通过屏幕上的双向对话，设置与改变有关生产工艺数据等。

3. 织造工程的网络信息数字化管理已达到了三级，即自动显示机器本身运转的有关数据及人机对话，并可与工厂信息中心联成整体电子网络信息化管理。此外，还可以与设备制造中心实现信息网络通信，实现关于机器的使用及伺服的人机对话网络。目前有的喷气织机的人机对话网络已经与以太网络系统联接，实现远程的快速织机运转技术及配件的信息反馈，生产单位可通过计算机直接与机器供应商视频联络，快速解决生产中遇到的问题。

4. 纺织机械的智能化技术发展。20 世纪 80 年代以来，由于计算机技术、传感技术及变频调速技术与纺织机械技术的结合，出现了许多智能化管理系统，如生产自动运输程序控制系统和在线棉结监控技术，梳棉机在线自动磨针技术、自动调盖板隔距技术以及自动控制刺毛辊区的落棉技术，计算机控制下的粗纱机四单元传动技术，自动络筒机在线纱疵检测分级技术，计算机控制下的浆纱机多单元传动技术，喷气织机织造质量的自动监控系统等，都是智能化技术在纺织设备上的应用。由于智能化技术的发展，出现了许多在线检测技术及高科技、大容量的离线检测技术，如 HVI、AFIS 棉花性能检测仪，USTER 纱线质量条干检测仪，TENSOJET 高速单纱强力检测仪，使得纺织产品质量得到大幅度的提高。不久的将来，由于智能化技术的发展将会出现许多自动监控的专家系统，不需要人工介入，使纺织生产步入更高的高科技水平。

第四节　纺织生产自动化的讨论

1. 纺纱工厂的自动化技术已发展到很高的阶段，发达国家棉纺企业工序之间的自动联接以及本机的自动监控水平的提高，使纺纱生产走向全自动化，实现了少用工或不用工的自动生产线，产品质量及生产效率有很大提高。对于发展中国家，由于劳动力费用比发达国家低得多，因此，发展中国家对于纺纱工程实现全自动化要根据实际需要加以选择，如清梳联及细络联的应用，不但节约了用工，而且对提高产品质量也有十分重要的作用，与粗细联、并粗联及全自动化运输等相比较，投资少得多。因此清梳联及细络联应作为发展中国家实现自动化生产的首选，也可考虑发展粗细联，而其他自动生产线可暂不考虑。细络联不仅减少了用工及空间，更重要的是可实现在线质量监控，对提高纱线质量很有作用。

2. 在织布工程实现全自动生产线比纺纱工程的自动生产线难度要大一些，如喷气织机实现自动化的费用要比机器增加26%～38%的资金，但织机本身自动监控技术的发展既提高了织机效率，又对提高织物质量起着显著作用。织机本身实现全自动化受到经向断头修复及穿引钢筘人工辅助的限制，暂时还没有得到很好解决。其他如快速半自动换轴、自动穿结经、自动落布、自动验布等，虽然都有节省用工的优点，但相对于这些技术的投资来说，节约人工的意义并不显著。

3. 织造工序半制品自动运输生产线尚需进一步研究及改进，既要考虑节省人力，又要考虑实现自动化的资金投入，对于发展中国家的企业，应以提高产品质量为主要目的，进一步实现单机本身自动监控水平的提高。

4. 实现生产线自动化及自动监控水平的提高应该是以大卷装、高速度、加快生产物流速度、缩短物流周期、缩短工艺流程及提高产品质量为中心的技术进步。此外，在节约用工、减小劳动力成本比例、提高产品成本的竞争力方面，要根据企业用工成本的情况而定。发达国家比较重视减少用工的问题，而发展中国家以减少装备投资费、提高产品质量、加快工艺流程的生产速度为主要目的。

5. 在企业发展自动化生产及提高自动监控水平时，要特别注意发展纺织生产的在线和离线检测技术以及计算机网络信息管理技术，努力提高企业的科技管理水平。

6. 随着世界科学技术的发展以及纺织市场竞争的加剧，棉纺织企业自动化以及自动监控水平将得到进一步发展。据报道，美国计划在2050年左右，向市场推出一步纺纱及一步织布的高科技纺织技术，使传统纺织工艺面貌焕然一新。

在新型纺纱系统中，已取消了并条机、粗纱机、环锭细纱机及自动络筒机等四个工序，大大缩短了工艺流程，这也是今后棉纺织工业发展的一个重要方向。

第八章

棉纺织厂空调除尘及照明问题

对于棉纺织厂的技术改造来说,还应包括厂房设计级选择,空气调节、排尘及照明设计等。

第一节　纺织厂的厂房设计与选择

纺织厂的厂房设计与选择要根据当地的气象条件、地形、工艺特点、机器排列、采光照明、空气调节、生产管理及自动化程度等因素来确定。

纺织厂生产的特点为:

1. 生产连续性强、工艺流程长、机台多、厂房占地面积大、机器振动大、噪声高。

2. 纺织生产对温湿度要求高,因此厂房要有保持一定温湿度的条件,当室外温湿度变化时,室内要有相应的温湿度调节能力。

3. 车间要设立防火设备。

4. 要根据生产要求,设计与应用足够的照明,保证生产及人工对照度(勒克斯)的要求。

5. 要具备适当的空间及通道,以实现自动运输及自动落纱、落布等。

6. 要注意水、电、风、液的管道交叉。

第二节　纺织厂的三种厂房形式

目前,纺织厂主要有以下三种厂房形式:

1. 楼房式厂房:占地面积少,可节约土地。以前上海等大城市建的纺织厂有不少是楼房式厂房,就是为了节约土地。从我国发展工业的长期战略来看,采用楼房式厂房的方向是有积极意义的,而且在楼房式厂房里,供电、供水、通风、出尘及半制品运输等都比较方便。但楼房式厂房的造价较高,一次性投资较大。

2. 锯齿式厂房:这种形式的厂房是我国以前普遍采用的,造价较低,可充分利用阳光照明,节约能源。但也有缺点,如占地面积多,从长远发展看,有浪费土地资源的缺点,而且厂房的排漏水问题也不大好解决,空调的降温去湿等问题会受到外界的影响。为了避免阳光直射造成眩目并影响车间内的温湿度变化,一般锯齿式厂房的天窗多设计为北向偏东。

3. 封闭式无窗厂房:这是从国外引进的一种厂房形式,这种厂房具有构件少、投资省、施工快的特点。国外发达国家为了使车间的空气条件不受外界影响而将有窗厂房改成封闭式无窗厂房，采用独立于室外空气条件的车间空气调节以满足生产工艺对车间内温湿度的要求。显然，对封闭式无窗厂房的各项要求比有窗厂房的要求高得多，室内的空气、照明及人体对紫外线的要求完全靠人为的努力完成，白天的光照也要由电力照明实现，无形中浪费了能源。而厂房的造价相对低一些，建筑周期短一些。国外发达国家采用无窗厂房进行全自动空气调节控制，确实收到了很好的效果。封闭式无窗厂房与锯齿式厂房一样，占用土地要比楼房式厂房多。封闭式无窗厂房最适于风沙大、气候炎热或寒冷而且电力充足的区域建厂。

这三种形式的厂房各有利弊，可根据具体条件选用。随着棉纺织厂自动化程度的发展与提高，许多机器之间已形成了联合，有的工序因生产工艺的改变减少了占地面积，因此在新厂房设计时要考虑到这些变化的因素。

第三节 棉纺纺纱生产对车间温湿度的要求

1. 温湿度对纤维性能及条干不匀的影响方面包括：纤维回潮率、纤维强力、纤维伸长率、纤维柔软性、条干不匀及牵伸力等，最终会影响成纱质量及生产效率等。

2. 不同的工序、不同的原料及品种在不同的季节对温湿度的要求不同(见表 8.1、表 8.2)。

3. 不同的纤维在不同工序的吸湿与放湿的情况不同(见表 8.1)。

表 8.1 棉纺纺纱生产对车间温湿度控制范围的建议指标

工序	冬季温度(℃)	冬季相对湿度(%)	夏季温度(℃)	夏季相对湿度(%)
开清棉	20～22	50～60	28～30	55～60
梳棉	22～25	60～50	28～30	50～60
精梳	22～24	60～65	28～30	60～65
并条、粗纱	22～24	60～65	28～30	60～65
细纱	24～27	50～55	28～30	55～60

(1) 夏季温度的上限应控制在 30 ℃以内，一般为 28～30 ℃(见表 8.1)，这其中包括了对产品质量的需求及人体生理的需求。从表 8.1 看出，纺纱车间的温度全年要保持在 20～30 ℃(原来上限是 33 ℃)。

(2) 要达到 28～30 ℃，需要有冷源，要配备制冷设备，如使用溴化锂制冷机等，一般在夏天高温高湿季节使用。溴化锂制冷机的出口温度可在 10 ℃以下，而深井水的温度较高，不能在高温高湿季节作为降温去湿的冷源。

(3) 对于相对湿度的要求，全年全车间变化不大，比较容易控制。但在加工化纤产品时，相对湿度要低一些，尤其是并粗细及精梳等工序(见表 8.2)。

4. 根据生产的需要，棉纺半制品的回潮率控制范围不同，但相差不多。

5. 布机织造车间的温湿度要求与纺纱车间不同，温度为 25～30 ℃，生产纯棉织品时相对湿度为 75%～80%，生产的品种不同，对温湿度的要求不同。要局部控制车间温湿度，以满足不同产品对温湿度的要求。纺织车间温湿度的设计原则是：要尽量满足各工序产品、半制品对温湿度的要求。如有些布厂的织机由于是多品种生产的，应采用单机局部空调技术措施，充分发挥空调与节能的作用，更重要的是局部空调技术对多品种的适应性好。

表 8.2　涤棉混纺产品各纺纱工序的温湿度控制范围的建议指标

工序	冬季温度(℃)	冬季相对湿度(%)	夏季温度(℃)	夏季相对湿度(%)
开清棉	20～22	60～65	28～30	60～65
梳棉	21～23	55～60	28～30	55～60
并、粗、精	21～23	55～60	28～30	55～60
细纱	23～25	50～55	30～32	50～55

6. 纺纱车间的温湿度会直接影响纤维的纺纱性能，影响条干不匀、细纱断头及纱疵多少，因此要严格控制车间的温度及相对湿度。

空气调节包括：净化车间空气及对生产车间、工序进行温度及相对湿度的控制与调节两部分。

(1) 现代化棉纺织厂净化车间空气的任务已得到比较好的解决，生产车间、工序的空气都很干净，飞花及粉尘浓度已达到 5～10 mg/m^3。

(2) 目前对于车间、工序的温度及相对湿度调节还没有完全达标，尤其是高温高湿季节，要使车间、工序的温湿度满足生产及操作人员的要求还有一定难度。

(3) 空调的设计、设置及调节要体现人性化，人体在一定的温湿度范围内感到舒适，可以精神饱满地在岗位上工作，为提高产质量尽职。如果在高温、高湿环境下，操作工就不可能很好地持续工作，产品质量也得不到保证。高温作业对人们的身心健康有很大的影响，因此应很好地考虑高温、高湿季节的车间温湿度调节问题。

第四节　封闭式厂房设计的送排风问题

老式纺织厂的厂房是锯齿式的，为了防止外界温湿度的干扰，减小锯齿部分的空间以减少能耗，国外有些厂家改为封闭式厂房。封闭式厂房对空气调节的要求较高，应加强空调对车间的控制。

1. 空调风的自我循环

封闭式厂房的空调设计要考虑到送风量与排风量的平衡问题，在车间之间不能有正负压现象产生；更重要是带有一定温湿度的空气的流量应当完全受控，不能从生产车间大门排到车间外或流向相邻的车间，而只能在本车间形成自我循环。送进车间的空调风应当在生产机台中对半制品或成品起温湿度调节作用后经地吸排出，并经排风管道送到滤尘器过滤后继而送入空调洗涤室洗涤，补充温湿度达到本车间的温湿度要求，然后再送入车间，如此周而复始，形成自我循环。这样的空调系统设计才是既节能又高效的理想设计。当然，对于车间空调用风还要不断地补充外风，要有一定的换气次数，大约要补充送风量 10%的外风，以增加新鲜空气及补充空调风的风量。

2. 下排风及除尘的设计与管理

现代化纺织厂空调风自我循环的关键是送进车间的空调风的循环问题，如上所述，空调风要通过车间地面上的排风口或吸风口排入下排风管道进入空调室洗涤，再送入车间。墙壁吸风圆盘过滤器过滤系统在新式厂房的设计中已不再使用，大都采用上送下排风形式。

现代化纺织车间的空调设计大都采用上送风、下排风的形式，形成上送下排的空调风自我循环的气流流动方式。下吸风入风口的风速应大于 12 m/s，以防止灰尘、杂质及短绒沉积堵塞吸风管道；下排风管道的设计应考虑管道内表面要光滑无疵，材料要有抗静电特性，以防止管道不通畅。

在照明问题上，封闭式厂房比锯齿式厂房的耗电明显多。

3. 为了净化生产车间的空气，减少运转机台的积花及短绒，提高制品及半制品的质量，现代纺织机械大都配备与加强了机器的自我净化能力，如：

(1) 开清棉机组在机器下方的落杂箱里设置了连续吸或间歇吸的下排风机构，而且所有的开清棉机器都尽量封闭，使气流大多经下排风管道排入装有滤尘系统的系统里。

(2) 现代梳棉机的喂入部分及盖板部分增加了负压吸尘系统，全机的吸点由老式梳棉机的 3 吸增加到 12 吸或以上的多吸点，全机封闭，彻底地净化了梳棉机的梳理部分及全机的生产环境，特别是盖板与锡林梳理区，增加了许多负压吸尘罩，可提高排杂效率，大大提高了生条的品质。

(3) 并条机、精梳机及粗纱机加大了负压风量，并以上下吸风口替代上下绒板。负压吸嘴不仅使并条机的牵伸部分及机器的生产环境得到净化，而且减少了棉条及粗纱的纱疵，棉条或粗纱的质量得到提高。

(4) 由于细纱车间发展了紧密纺，对空气净化的要求更高，特别是起凝聚作用的网格圈更需要净化的空气，以免网格圈堵塞，影响紧密纺纱的质量。

(5) 开清棉、梳棉的负压空气基本上是经吸尘管道及滤尘器过滤，然后进入空气洗涤室处理后再把合乎温湿度要求的风送入车间；并条、粗纱及精梳工序的自身过滤空气由于含粉尘量很低，大部分回入本工序。总之，要做到送进车间的空气温湿度条件能符合车间的要求，气流的压力进出平衡稳定；送入车间的空气除了温湿度要满足要求外，空气中的含尘量也要达到标准，一般空气含尘量为 5～10 mg/m^3。

第五节　空气调节的自动控制

先进的纺织厂空气调节是全自动的，空气调节工程由计算机控制，按照各纺织车间或工序对空气温湿度的设定，编制计算机软件，并根据要求在车间安放温度及湿度传感器，监控车间的温湿度变化情况。一旦超标，计算机通知加温或加湿的电磁阀，进行加热、加湿、变更加热加湿量或制冷，使送进车间的空气条件能符合车间的要求，达到稳定生产、提高产品质量的目的。

第六节　局部加温加湿或降温去湿

由于织布车间生产的品种繁多，有亲水性棉纤维、纤维素再生纤维(如黏胶、天丝、竹纤及黄麻再生纤维素纤维等)及拒水性纤维(如各类合成纤维涤纶、腈纶、锦纶等)的纯纺或混纺及交织的织物，还有包芯纱织物等，因此多品种的织布生产对车间的空气要求不同，需要分别送风，以满足不同产品对温湿度的要求。在现代化织布车间已有局部加温加湿或降温去湿的形式，根据不同产品对温湿度的要求，单独采用局部送风的方式，以达到有效地控制温湿度对产品的影响。局部加温加湿或降温去湿是一项车间空气调节新技术，具有高效节能的特点，应用灵活，可随产品的变更而改变对空气温湿度的要求。

局部加温加湿或降温去湿的方式有：空气罩形式，喷射一定温度水分的加湿喷雾形式等。空气的气象指标可由计算机控制，当气象指标输入后，空气罩送给机台的温湿度可达到恒值。

第七节　照明设计及应用

不论锯齿式、楼房式或封闭式厂房，对照明都有明确的规定，一方面是生产工艺的要求，另一方面是人体生理的要求。照明设计及应用的好坏对提高劳动生产率及保护职工的视力有很大的影响。我国在经济体制的改革中出现了不少私营企业，有不少采用了封闭式无窗厂房，但对于车间照明设计及应用很不到位，车间的照度有的很差，应引起高度重视。

1. 纺织厂生产照明设计要求

（1）根据厂房的型式和种类，楼房式厂房的照明要求高于锯齿式厂房；无窗厂房的照明要求高于有窗厂房。

（2）各工序的照明要求不同，大部分要求一般照明，有部分工序要求局部照明。

（3）工作地点的环境要求防潮、防湿及防爆。

2. 棉纺织厂各车间的照度要求(采用荧光灯)

表 8.5　棉纺织厂各车间的照度要求(照度标准：勒克司)

车间名称	单层锯齿厂房	无窗厂房
清花	60	100　(24 小时照明)
梳棉	80	100　(24 小时照明)
并条	80	100　(24 小时照明)
粗纱	80	100　(24 小时照明)
细纱	120	150　(24 小时照明)
捻线	120	150　(24 小时照明)
筒摇	120	150　(24 小时照明)
整经	120	150　(24 小时照明)
调浆	60	100　(24 小时照明)
浆纱	100	100　(24 小时照明)
穿经	100	100　(24 小时照明)
织布	125	150　(24 小时照明)
验布	100	100　(24 小时照明)
成包	80	100　(24 小时照明)

3. 事故照明

纺织厂应安装事故照明，一旦发生断电事故，车间内应保持1勒克斯的照度，以便于工人安全疏散。对于无窗的封闭式厂房，事故照明尤为重要。事故照明最好配有第二电源或单独引入安全事故照明线，也可在一定地方（车间大门及重要通道等）设立蓄电照明电源备用。

现代棉纺织厂无论老厂改造或新厂建设，都必须认真考虑空调除尘及照明问题，没有科学的空调除尘、照明设计及应用管理是不可能生产出优良产品的。

4. 紫外线人体健康照射

对不能接受正常日光照射的纺织工人应有紫外线照射的必要补充；对于在白日工作却见不到太阳的工人（如在全封闭厂房里工作时间过长，上下班见不到太阳），必须单独进行紫外线人体照射。

5. 全部改用荧光灯等节能灯，取消白炽灯。从节能角度看，锯齿形厂房白天可利用日光照明、有节能的作用。

参考文献

1. 秦贞俊. 现代棉纺纺纱新技术[M]. 上海:东华大学出版社,2008 年 7 月第一版

2. 秦贞俊. 现代喷气织机及应用[M]. 上海:东华大学出版社,2008 年 7 月第一版

3. 秦贞俊. 世界棉纺织前沿技术[M]. 北京:中国纺织出版社,2010 年 6 月

4. 秦贞俊. 现代棉纺织生产质量的监控与管理[M]. 上海:东华大学出版社,2011 年 7 月

5. 秦贞俊. 2007 年慕尼黑 ITMA 展会技术资料汇编[G]. 纺织器材编辑部出版,2009(增刊)

6. Survey. Staple yarn spinning [J]. Textrile Asia, 2008(8):22-28

7. Survey. Weaving preparation: warping, sizing. Textrile Asia, 2007(7-8):27-33

8. Survey. Jet weaving [J]. Textrile Asia, 2008(8):56-63

9. 上海 2010ITMA Asia and CITAME 技术资料

10. 2011 年巴塞罗纳 ITMA 及 2007 年慕尼黑 ITMA 展会技术资料

11. 上海 2008ITMA Asia and CITAME 技术资料

12. Heemmt Weinsdorfex. Trends in weaving technology [J]. Text Bulletin,1999(4):50-52

13. JoachimTraufer. Weaving preparation [J]. Text Bulletin, 1999(4):42-44

14. Targeted economi: Staple yarn spinning [J]. Textrile Asia, 2008(8):22-28

15. 秦贞俊. 纱线断裂强力的讨论[J]. 棉纺织技术,2000(3):5-9

16. 秦贞俊. 关于纱线毛羽问题的讨论[J]. 棉纺织技术,2001(3):5-9

17. 棉织手册(第三版)编委会编. 棉织手册:第三版[M]. 北京:中国纺织出版社,2006 年 10 月

18. 棉纺手册(第三版)编委会. 棉纺手册:第三版[M]. 中国纺织出版社,2004 年 10 月

19. Peter Top. Weighting arms for ring spinning frams [J]. Spinno Vation, 2006-07-22:4-7

20. 秦贞俊. 环锭细纱机的技术进步[J]. 棉纺织技术, 2004(10):41-47

21. 秦贞俊. 对环锭细纱机加压机构的讨论[J]. 纺织器材,2003(5):30-33

22. 同和纺织机械有限公司提供的关于圈簧加压及气动加压的有关技术资料

23. 台州恒生纺织机械公司关于 YJB-145 板簧摇架的资料

24. 常德纺织机械制造公司关于圈簧摇架、气动摇架的技术资料

25. Edimir Kurkow. A new system for ring spinning [J]. Text Bulltin, 2001(6):51-54

26. ITMA-1995-Survey. Hi-per-spin ring spinning frame [J]. Text Asia,1996(2):32-34

27. Wladimir Kurkow. A new system for ring spinning [J]. Text Bulletin, 2001(6):51-53

28. E Sonntag. Geratawine 陶瓷钢领、钢丝圈系统[J]. 国际纺织导报,1998(1):21-23

29. 秦贞俊. 牵伸下罗拉的技术进步[EB/OL]. 中国:纱线网

30. 秦贞俊. 世界棉纺织工业的技术进步[C]. 第二届国际棉纺织技术研讨会论文集

31. 秦贞俊. 环锭细纱机的发展[J]. 国外纺织技术,2002(6):8-10

32. 秦贞俊. 世界棉纺织工业的技术进步[C]. 第二届国际棉纺织技术研讨会论文集

33. 邵礼宏. BC6 型下支承锥面钢领的性能及应用[C]. BC6 下支承钢领、钢丝圈论文集

34. 秦贞俊. 纺织器材与专件的发展[J]. 纺织器材 2009(增刊):76-87

35. 秦贞俊. 纺纱工程中棉结疵点的分布的讨论[J]. 梳理技术,2002(5):39-43

36. 秦贞俊. 现代并条机质量保证体系[J]. 棉纺织技术,2004(11):27-32

37. 秦贞俊. 高产梳棉机的技术进步[J]. 梳理技术,2001(3):45-48

38. 李辛凯. 棉纺织厂设计[M]. 北京:中国纺织出版社,1979 年 3 月

39. 陕西工业大学纺织系. 纺织厂空气调节[M]. 北京:中国财政经济出版社,1963

40. 华方科技有限公司、同和纺织机械有限公司、德昌纺机公司及松宝纺织机械有限公司的紧密纺专件的技术资料

编 后 语

进入21世纪以来，世界棉纺织技术向着速度高、产量高、产品质量高、自动化程度高、信息网络化、环保节能等方向快速发展，使棉纺织生产各工序的技术都达到了高产、优质、低耗的高效率生产水平。如开清棉在原有的短流程基础上实现了超短流程，只有四台主机即可很好地完成开松除杂的任务，由于是渐增地对棉纤维进行柔和的处理，使棉结及短绒相对减少；根据不同的要求有针对性地进行工艺配置，并改进了梳棉机工艺路线；对精梳环锭纺及转杯纺采用不同的梳棉机及并条机，更好地发挥各自的特点，适应不同的车速及品种。粗纱机已实现了四单元传动及全自动、半自动落纱，环锭细纱机向紧密纺方向发展，紧密纺环锭细纱机也有长车并实现了细络联。在21世纪头10年时间里，棉纺纺织机械和纺织技术都取得了巨大的进步，开创了高产、优质、低耗的高效率生产新局面。

1. 对于世界棉纺织技术的最新成就，不仅要关注与参考2007慕尼黑ITMA展出的最新设备，而且还要注意吸收2011年巴塞罗纳ITMA展出的新设备、新技术，作为我国棉纺织企业技术改造及新建企业设备选型的参考。要把我国从一个纺织大国建设成世界上的纺织强国，就必须迎头赶上世界纺织技术先进水平，用世界上最先进的纺织设备更新与改造我国现有的棉纺织企业。首先要改造与发展我国纺织机械生产企业，提高我国纺织机械制造水平，使纺织机械生产企业能制造出具有国际先进水平的纺织装备，加快我国走向世界纺织强国的速度。

国产清梳联、高产精梳机、高速并条机、高速粗纱机、紧密纺环锭细纱机、自动络筒机以及织前准备设备、无梭织机等都有生产，而且也达到了一定的水平，但与国外发达国家及公司生产的先进设备相比较，不论速度还是产品质量都存在一定的差距。此外，在许多纺织工艺研究及应用上也处在较落后状态。

2. 对于一个纺织企业，如果不能对产品及半制品进行质量检测，就不能对产品及半制品质量进行控制，也就不能对产品及半制品质量进行管理与提高，进而不能使企业得到继续发展。可见，离线检测技术对提高半制品、成品质量的重要作用。因此在我国新建与改造棉纺织企业时，要高度重视发挥离线检测技术在企业生产中质量管理的作用，配备足够的、必要的离线检测仪器与设备。

3. 只有纺织器材及专件水平不断发展，才能保证棉纺织技术的迅速提高，并进一步提高纺织产品的产量及质量，同时可节约原材料及能源。表明纺织机械性能的好坏与所配用的纺织器材或专件的性能好坏是十分相关的，纺织机械的技术进步与纺织器材或专件的技术进步应该是同步的。事实上，不论国内还是国外纺织机械的技术进步都在很大程度上涵盖了纺织器材或专件的技术进步，相信纺织器材及专件在今后的棉纺织装备发展中将会得到更快的发展与提高，以保障棉纺织技术的快速进步。

纺织器材的发展是我国纺织工业发展的基础，纺织器材是纺织工业生产的核心，因此必须花大力气在“十二五”期间发展好我国的纺织器材及专件，为我国纺织工业的大发展创造条件，当好先行，为提升我国纺织工业的水平作出贡献。在发展我国纺织器材工业时，要瞄准国际先进水平，积极采用新材料 、新工艺、新技术、新设备，努力赶超世界先进水平，为把我国建成世界纺织强国而努力。

4. 高度自动化纺织生产线包括清梳联、并粗联、粗细联及细络联等。在新型纺纱系统中自动生产线几乎不需要工人操作，形成了无人工序、无人车间及无人工厂。美国环锭纺纱厂每 4 万锭仅需 100 人，吨纱用工仅 4 人，中档一级的吨纱用工为 16 人，而第三世界的普通纺纱厂吨纱用工为 30 人。事实上，用工越多，生产效率越低，产品质量也越差，因此加快纺织生产的短流程、自动化进程以及提高生产效率及速度是 21 世纪纺织工业技术进步的重要任务。要加快产业结构的调整和产业升级，为建成纺织强国提供强有力的科技支撑。要重点突破、全面提升、健全机制、放眼未来，把握住世界科技的发展趋势，加强基础理论和前沿技术的攻关，为纺织行业的未来发展奠定坚实的基础。

5. 现代棉纺织厂不论是老厂改造还是新厂建设，不论是楼房式、封闭式厂房还是锯齿式厂房，都必须认真考虑空调除尘及照明问题，没有科学的空调除尘、照明设计及应用管理，不仅生产上不去，而且会影响人体的健康，不合理的空气调节及照明是不可能生产出优良产品的。因此必要的空调及照明投资是一点也不能减少的。

6. 面对我国 2020 年要实现成为纺织强国的宏伟目标，我们要坚持以科学发展观为主题，以转变经济发展方式为主线，以市场需求为导向，充分发挥科技第一生产力和人才第一资源的重要作用，努力提高纺织行业自主创新能力及整体技术素质。要不断壮大科技创新人才队伍，把产、学、研及行业公共服务体系等各方面的人力资源联合起来，加快培养高水平的科研、工程设计、管理等领军人才和骨干队伍，加强对在岗职工的专业技能培训，全面提高纺织从业人员的整体素质，促进纺织行业创新能力、生产效率的提高。

7. 对于国际上的新装备、新工艺、新技术，我国目前纺织行业严重缺少高素质的专业工程技术人员，要像巴西等国那样，针对引进的新设备、新技术常年不断地举办各种层次、各种类型的专题学习和培训班，从而提高纺织厂的应变能力。要在消化吸收国际先进技术的基础上，不断研发国产的新装备、新工艺、新技术，以达到赶超世界先进水平的目的。

8. 我国纺织工业面临着各类人才严重缺乏的问题，人才培养与实际需求及应用有很大的差距，要建立起产学合作、校企合作、工学结合等人才培养机制，提高科技创新体系的能力，把纺织企业与高等学校、科研院所结合起来，改变目前的松散状态，提高科研院所在科技创新体系中的地位和作用。要迅速改变创新人才资源没得到有效利用的现状，使行业的创新水平得到提高。总之，要充分发挥高等学校、科研院所在纺织行业科技创新中的作用，加强基础科学研究，提高研究院所的科学研究的能力，把一些具有战略性的科研项目交由研究院所完成。

9. 要加强纺织基础理论的研究、开发与应用。先进的纺织装备研发制造的核心技术，成为世界上自主掌握纺织高新技术的主要国家之一，在主流工艺、技术和装备上达到国际先进水平。

10. 主要企业(规模以上的企业中的前 1/3 企业)要具备较强的自主创新能力、较高的产品研发能力及完备的检测中心，拥有高素质、专业化的科技创新人才队伍，生产效率到“十二五”末规模以上的企业劳动生产率争取比 2010 年翻一番。

为了推广应用一些纺纱新技术，报导国内外企业研发的新产品、新技术，本书后面增加了 11 篇论文附件，供读者参考。

附件目录：

1. 同和：争当专件市场“带头大哥” 《纺织服装周刊》记者，欧阳潇
2. 牵伸下罗拉的技术进步　秦贞俊，唐国新

3. 环锭细纱机高性能板簧加压机构的开发与产业化　秦贞俊、唐国新
4. 赛络紧密纺异形管吸气槽与纱线指标关系的研究　廖峰、刘娟芳
5. 精梳机梳针锯齿锡林的技术研发　戴步忠、王胜(浙江锦峰纺织机械有限公司)
6. 精梳梳理专件的技术创新及优化应用　戴步忠、王胜(浙江锦峰纺织机械有限公司)
7. 紧密纺发展综述　秦贞俊
8. 棉纺环锭细纱机牵伸加压机构的讨论　秦贞俊
9. 梳棉机新型金属针布　秦贞俊
10. SUESSEN 公司牵伸前上罗拉(皮辊)的新改进　秦贞俊
11. 环锭细纱机牵伸机构最新改进　秦贞俊

附 1：

同和:争当专件市场“带头大哥”

《纺织服装周刊》记者　欧阳潇

在同和有两句话,永创百年同和品牌,誓做百年同和人。尽管企业这几年来发展得还比较好,但是一个企业要想继续壮大发展,就需要不断的改进和提高。因此,我要求我们的技术人员,永远走在创新的路上;要求我们的中高层管理人员,永远走在降本节支的路上;要求我们的全体员工,永远走在执行的路上;要求我们的全体工作人员,永远走在解决问题的路上。

——江苏省常州市同和纺织机械制造有限公司董事长兼总经理崔桂生

“2011 全国纺纱新技术、新纤维应用研讨会”在常州召开之际,常州市同和纺织机械制造有限公司董事长兼总经理崔桂生特地邀请了 300 多名来自全国纺织企业的负责人参观同和。

一走进同和,很多企业负责人就被公司的产品深深吸引住了。明亮整洁的车间环境和精神抖擞的工人形成了一道亮丽的风景线。

专件专家:占罗拉市场七成份额

常州市同和纺织机械制造有限公司成立于 1999 年,是一家现代化的民营企业。该公司从事纺织机械的研制、开发和生产,主要产品有各种型号的罗拉、摇架以及自主研发生产的新型高性能紧密纺装置。

长期以来,我国无法自行生产高质量的罗拉。许多纺织企业由于没有高质量的罗拉,无法生产出优质的高支纱,从而造成了以往中国纺织产品整体档次不高的局面。同和凭借其优良的产品质量和优质的售后服务,迅速确立了在国内同行中的领先地位,并逐步打破了国外纺机制造商对我国纺机专件市场的垄断局面。

当六辆大巴浩浩荡荡地开进江苏省常州市同和纺织机械制造有限公司的大门时,就远远看到公司董事长兼总经理崔桂生带领着公司员工在绵绵的江南烟雨下已等候多时了。这是在常州召开的“2011 全国纺纱新技术、新纤维应用研讨会”之际,常州市同和纺织机械制造有限公司特地邀请了 300 多名来自全国纺织企业的负责人参观该公司。

一走进同和公司,很多企业负责人就被同和公司的产品深深吸引住了。因为同和公司生产的罗拉、摇架、紧密纺等纺机产品都是代表着目前国内的最高水平。在车间看到,整洁的车间环境和精神抖擞的工人形成了一道亮丽的风景线。尽管机器发出轰隆隆的声音,但是始终没有影响到各企业负责人参观同和公司的兴趣。

目前,同和公司纺机罗拉产品年销售量占全球销售总量的 70%,纺机摇架的年销售量占全球销售总量的 30%,紧密纺装置年销售量占全球销售总量的 30%。

“逆向思维”带领企业稳步向前

是什么样的力量让同和在短短的十年时间里,成为国内最优秀的纺机专件生产企业之一?这与公司董事长兼总经理崔桂生的企业管理理念是密不可分的。“有一棵大树,很多人都希望树能往上长,但是人们却常常忘记这棵树在长高的同时,也应该往下长深、长粗。不然被风一刮,树就会摇摇欲坠。”当记者采访崔桂生时,他首先讲起了这个小故事。他说,树就是企业,他要把同和公司当作一颗树,而这颗树是先长深、再长粗,然后才是长高。

他的这种逆向逻辑思维带领着同和公司稳步前行。崔桂生介绍，同和公司平安地度过了金融危机之后，在这两年里取得了很大的效益。“我们没有像别的企业那样，在金融危机之后表现得比较糟糕，在金融危机中公司每年都有 2 800 多万元的利润。”2010 年，同和销售了公司生产的罗拉 500 多万套、摇架 200 万套、紧密纺 90 万锭，是同和公司成立以来最好的业绩。“今年到目前为止，产品还是供不应求。目前我们的工人都是分两班生产，工人的状态也非常良好。”

创新不断，企业发展源泉不竭

对于崔桂生而言，是不断创新使公司在竞争激烈的纺机市场占据了重要地位。

同和公司首先培养了一批优秀的创新人才队伍，他们在创新方面给公司提供了源源不断的动力。

其次，同和也得到了国内外用户的支持和关心。“一般我们刚研发出来的产品，都是先给我们的主要客户使用，在使用中发现了什么问题，他们会及时反馈给我们，我们再根据他们的意见对产品进行改进。”崔桂生介绍。

再次，同和也学习了世界上优秀企业的研发、生产及管理方法。“因为，同和给我们提供了丰富、宝贵的经验。”

售后服务，免费升级国内第一家

一个优秀的企业，不仅要拥有优质的产品，同时还必须配套优质的产品售后服务。而在这一点上，同和可谓“快速、果断、准确、彻底，令客户满意。”一位用过同和公司产品的纺织企业负责人称赞说。

“只要我们接到客户维修报告，4 小时内一定会给予答复，24 小时内一定会出发去维修。”崔桂生介绍说。同和公司根据市场销售的份额，在比较大的省区设立了专门的维修服务点，并且公司的销售人员以前大部分就是从事产品生产的技术人员，所以能够快速上门为客户维修。

在此基础上，同和也在 2011 年提升了自己的产品售后服务水平。崔桂生告诉记者，客户用了同和公司的紧密纺产品后，在不改变紧密纺产品结构和原理的基础上，同和将免费为它们的产品进行升级。而这种产品的免费升级在国内纺机企业中是第一家。“我们在产品售后服务中要做到终身跟踪、终身服务、终身负责，这个理念将永远坚持和贯彻下去。”

坚定不移，锁定企业发展方向

同和公司的十年飞速发展让国内外同行感到震惊，十多年来的成就和辉煌得到了行业和政府的支持和肯定。因此，公司未来的发展也成为了业界同行关注的焦点。对此，崔桂生充满信心。“同和公司自开办的那一天就树立了我们的愿景，那就是科技同和、世界同和、百年同和。我用‘三个坚定不移’来概括我们未来十年的企业发展目标，就是坚定不移地立足纺织行业，坚定不移地立足纺机行业，坚定不移地做好罗拉、摇架、紧密纺产品。”

崔桂生表示，公司未来的发展，第一就是要把目前的三个主打产品做到“五少三提高”，即“用工少，工序少，设备少，用电少，占地面积少，制造精度提高，效率提高，效益提高”；第二就是在适当的时候根据国内外市场的需求，开发适合同和公司的新产品。

“我们要用高科技的管理手段来管理好我们的传统产业，然后用传统产业来做出高科技的、高附加值的产品。”崔桂生坚定地说。

附 2：

牵伸下罗拉的技术进步

秦贞俊，唐国新[1]

（1. 常州同和纺织机械制造有限公司总工程师）

国内外纱线市场竞争十分激烈，尤其对纱线质量的要求日益提高，国际上参考考核纱线质量的标准——乌斯特公报 2007 年统计值比 2001 年统计值提高了许多，对纺纱设备中并条机、粗纱机、细纱机及精梳机的牵伸专件、下罗拉、上罗拉、上下销及胶辊、胶圈、加压弹簧、摇架的要求更加严格，这些专件分别向高精度方向发展。

一、在纺纱专件中，影响细纱质量的重要因素之一是细纱、粗纱、并条及精梳机的牵伸专件——罗拉。以细纱罗拉为例，影响细纱下罗拉牵伸质量的因素之一是牵伸罗拉机械波，主要是由细纱罗拉在材料使用、加工工艺等方面造成的。

1. 产生牵伸机械波的因素有多个方面，如细纱罗拉的材质、罗拉制造精度、加工工艺等，其他如上罗拉（皮辊）质量、机械振动、齿轮传动误差等因素，也对纺纱品质及机械波有影响，但其中牵伸下罗拉的机械波是影响纺纱质量的主要因素。

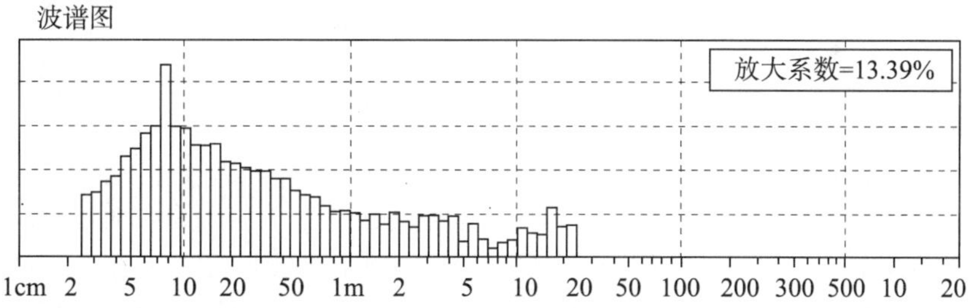

图 1　细纱下罗拉 8 cm 机械波波谱图

2. 牵伸罗拉的机械波主要表现为 8 cm 机械波，如图 1 所示为牵伸下罗拉机械波的乌氏条干仪波谱图。从图中可看出，在机械波图中的烟囱位置 8 cm 处形成周期性变化，造成细纱呈规律性、周期性变化，这种机械波在乌斯特波谱图上形成规律的凸起烟囱，尤其在纺高支纱时，机械波会使织造的浅色布面出现阴影，影响织物外观，降低了织物质量。

3. 所谓罗拉机械波是由罗拉周长上的缺陷造成的，一般罗拉直径为 25 mm，波长为 8 cm，如上罗拉（皮辊）直径为 28 mm，则机械波长为 9 cm。此外，传动罗拉的齿轮系统不良造成的罗拉扭振及机架不稳等也会产生机械波。

单个罗拉以罗拉周长为波长范围产生机械波，主要因素为罗拉工作面的齿形和齿顶宽的差异，而齿形、齿顶宽的均匀性是设计和加工过程的综合反映。对罗拉工作面齿形作进一步分析，设计最佳齿形并确保齿形加工轧齿设备工装的精度，控制导柱、导孔两者配合及罗拉端面跳动，螺纹加工精度及罗拉轴承配合，提高罗拉整体精度才能彻底消除罗拉引发的机械波。

机械波不仅存在于细纱工序，在梳棉、并条、精梳、粗纱等工序也存在，只要纱线（棉条、粗纱）通过的转动部件的制造精度与安装精度不高，都会造成纤维的不规则运动从而形成规律性粗细不匀。因此，机械波是影响纱线均匀的一个重要因素，尤其对布面外观有直接影响，严重的会在布面形成搓板布，而在中粗织物中被一定的显形率所掩盖。但对细号纱、特细号纱的要求极其严格，机械波所形成的疵布是相当可观的。

4. 我国普通细纱机的牵伸罗拉造成的细纱机械波波峰 5 mm 机械波占 20%～30%，国外先进水平 5 mm 的机械波仅占 3.13%。根据纺织测试检验中心的检测结果，普通细纱牵伸罗拉在生产 14.58 tex(40 英支)纯棉纱时，乌氏条干值 5 mm 以下机械波乌氏条干 *CV* 值为 15.8%，见表 1。

表 1　乌氏条干 *CV* 值范围

13.5%以下	14%以下	14.5%以下	14.5%以上
24.58%	51.58%	21.67%	2.5%

表 2　机械波峰高度

无机械波	5 mm 以下	10 mm 以下	20 mm 以上	20 mm
62.5%	15.8%	17.1%	3.7%	0.4%

出现 8 cm 波峰 21.7%　9 cm 波峰 12.5%。

二、高精度罗拉的研制开发及生产

如果一台细纱机上各种专件都能达到或超过国际先进水平，细纱机的整机生产水平才能达到国际先进水平。如普通细纱机牵伸下罗拉等专件，由于材料选用及加工工艺等方面原因，产品质量与国外有较大差距。

国内一些生产罗拉的纺机专件厂，如常州市同和纺织机械制造有限公司、保定第二纺织机械厂及经纬纺机专件事业部等，围绕如何提高罗拉制造精度及罗拉抗弯刚度进行了许多研究。以常州市同和纺织机械制造有限公司为例，近几年做了大量研究工作，在加工精度及材料选配上瞄准国外先进企业生产罗拉的标准组织攻关，取得了显著的效果。

1. 国外生产罗拉的公司为了防止及减少牵伸下罗拉机械波的产生，制订了许多质量标准，并围绕这些标准在材质选用及加工工艺等方面作了许多改进，如：工作面齿顶宽差异，齿深差异；工作面外圆尺寸偏差，罗拉径向跳动，罗拉工作面外圆圆度，两节罗拉连接后的径向跳动；电镀处理后罗拉表面上的粗糙度等，使成纱质量机械波波峰 5 mm 以上机械波仅为 3.13%。国内普通罗拉的成纱质量 5 mm 波峰的机械波要占 20%～30%，差距很大，如何缩小这个差距，赶超国外先进水平是研制与开发高精度牵伸罗拉的目标。

2. 常州市同和纺织机械制造有限公司，为了防止及减少牵伸下罗拉机械波的产生，制订了许多远高于行业标准的质量标准(罗拉内控标准)，并围绕这些标准在材质选用(定制罗拉专用材料)及加工工艺等方面作了许多改进。采用进口数控双头车，保证罗拉齿面位置的一致性；采用德国进口轧机，保证齿形一致性；采用德国进口全自动淬火机，保证淬火深度一致性，抗弯刚度一致性；采用德国进口矫直机，保证罗拉径向跳动、工作面齿顶宽差异、齿深差异；购置了进口全自动数控加工中心，将 7 个工序加工罗拉改为 1 个工序，大大提高了加工后罗拉的同心度，工作面尺寸精度一致性，工作面圆度达到国外先进水平；采用进口加工中心，保证孔尺寸一致性，孔的圆度、内外螺纹一致性及跳动偏差；采用德国进口数控外圆磨，保证导柱尺寸一致性，导柱圆度，从而保证两节罗拉连接后的径向跳动；采用全自动电镀生产线，保证电镀均匀性和电镀层厚度；采用特殊抛光技术，保证罗拉表面的粗糙度等，从而保证罗拉品质。常州市同和纺织机械制造有限公司超精罗拉各项指标超过或接近国际著名罗拉水平。

3. 采用优质合金钢。优质罗拉专用中碳钢是提高罗拉抗弯刚度的重要措施，优质合金钢加工出来的罗拉不仅具有很高的抗弯刚度，而且由于在数控加工中心加工的罗拉精度很高，不易变形，一台车的罗拉节与节之间互换性强、锭差少，两根罗拉对接后的径向跳动值大大低于目前普通罗拉对接后的径向跳动值，约可降低 50%。新的高级合金钢罗拉的外圆圆度得到改进，外圆径向跳动值也显著改进。

4. 热处理及电镀加工后的罗拉表面粗糙度都达到了国外先进水平，表面光滑无刺，表面硬度亦相应提高。

应用这种高精度罗拉，使纺纱厂对罗拉的维护保养负担减轻，不需要在安装及平车时校调罗拉弯曲及加装罗拉垫片。

5. 无锡国家纺织检测中心对超高精度罗拉进行了全面检测，检测结果如下（被测超高精度罗拉是同和公司生产的新一代罗拉）：

表 3　纺纱质量对比（纺纱支数:38 英支针织纱）

项　目	普通罗拉	高精度罗拉
细纱条干 CV(%)	12.92	12.553
千米细节		17
千米粗节		4
千米棉结	26	22
机械波率（累计）(%)		
3 mm	71.325	100
2 mm	66.913	98.53
1 mm	51.423	94.117
无波	44.12	94.117
8 cm	21.7	0
9 cm	12.5	0

6. 消除或减少罗拉机械波除了选用优质原材料外，更重要的是要提高加工精度，从切削加工到热处理、抛光、电镀等工序，都要有严格的工艺条件及质量要求，使加工后的高精度罗拉具有十分良好的纺纱工艺性能。

目前，同和公司加工生产的各种超高精度罗拉已走向国际市场，与其他兄弟企业一起在国内外市场占有一定的份额，并在继续扩大。

三、超高精度罗拉的研制开发及生产

在高精度罗拉的基础上，国内一些专业工厂又继续研制开发了超高精度罗拉。以同和公司为例，已开发出新一代超高精度的细纱罗拉，其主要特点有：

1. 由于选材得当及热处理工艺的改进，使新研制开发的超高精度罗拉具有很好的抗弯刚度，比高精度罗拉的抗弯刚度提高了 9.1%。

2. 罗拉表面不仅精度高、光泽好，无毛刺，而且耐磨性好，纺纱中这种超高精度罗拉不会产生挂花现象。

3. 超高精度罗拉的互换性好、同心度高，两节罗拉镶接后静态径向跳动不超过 0.05 mm，上机安装不需垫片。

4. 超高精度罗拉上机前不需要预校调，可直接上机连接并紧，不必进行人工敲罗拉、校弯曲，每锭对应的罗拉表面的径向跳动 95%均在 0.02 mm 以内，另 5%最大不超过 0.05 mm。

5. 罗拉无机械波率达到 98%以上，24 h 全面检测无机械波率达到 95%。

6. 与纺部各道工序配套后（各道工序的半制品质量达到乌氏标准规定上限范围），细纱常规品种都能达到乌氏 2007 年公报的 5%水平。长期使用罗拉抗弯曲、径向跳动等都能达到稳定一致，长期使用不走动。

7. 超高精度罗拉的生产水平

以常州同和纺织机械制造有限公司生产的细纱牵伸罗拉的有关质量指标与普通罗拉相比较，说明超高精度罗拉居国内领先水平，达到国际先进水平，5 mm 以上无机械波率已基本控制在 100%的水平，抗弯刚度、表面粗糙度、硬度、罗拉同心度、互换性等都达到或超过了国内外先进水平，成为制造高精度纺纱机械的重要基础。

四、展望

牵伸罗拉品种繁多，包括棉、毛、丝、麻、化纤以及并条、粗纱、细纱、精梳等牵伸下罗拉。由于生产罗拉的专业公司如常州同和纺织机械制造有限公司，一方面采用了国际上先进的数控加工中心，使加工精度得到大幅提高，加工后的罗拉外圆径向跳动小，罗拉同心度提高，互换性提高，使罗拉无机械波率大大提高；另一方面采用了优质钢材，提高了罗拉的抗弯曲刚度。

超高精度罗拉是在高精度罗拉的基础上研制开发的新一代无机械波罗拉，与牵伸系统的各牵伸专件一起，为提高纺纱质量起着显著作用。

罗拉是纺纱生产中的重要专件，超高精度牵伸罗拉的问世，必然要带动其他牵伸部件的技术进步。希望并条机、粗纱机、细纱机的下罗拉和上罗拉(胶辊)、胶卷、上下销及加压系统一起，在不久的将来都能达到高精度的水平，使纺纱质量得到进一步提高。只有牵伸部件全部达到超高精度的水平，才能使纺纱质量的提高得到根本的基础性保障。

参考文献

1. 秦贞俊. 现代棉纺纺纱新技术[M]. 上海：东华大学出版社，2008(7)
2. 秦贞俊. 世界棉纺织前沿技术[M]. 北京：中国纺织出版社，2010-6
3. 秦贞俊 . 21 世纪高产梳棉机的新发展[J]. 纺织器材，2009(3)：16-21
4. 秦贞俊. 特吕茨勒新型开清棉生产线的技术特点浅析[J]. 纺织器材，2009(3)：22-25
5. 慕尼黑 2007ITMA 技术资料.
6. 上海 2008ITMA Asia and CITAME 技术资料.
7. Survey. Staple yarn spinning [J]. Textile Asia，2008(8)：22-28
8. 无锡经纬纺织科技试验有限公司. 对同和罗拉的检测报告(无锡一棉，无锡纺织科技检验中心)
9. 细纱牵伸罗拉 8～9 cm 机械波谱图
10. 褚冬琴等. 初探细纱机械波成因及解决措施[C]. 2003 年全国传统纺环锭细纱机技术进步专题研讨会论文集：115
11. 常州市同和纺织机械制造有限公司等有关技术资料

附 3：

环锭细纱机高性能板簧加压机构的开发与产业化

秦贞俊，唐国新

牵伸加压机构要满足下述要求：能够适纺各种纤维及品种的纱线（包括纯棉、涤纶、腈纶及其他纤维素纤维等）；一般情况下，总牵伸倍数达到60倍，成纱条干*CV*值、粗节、细节、棉结及单纱强力等指标达到2007年乌斯特公报25%及以上的指标。加压机构的机械制造精密要求高，包括罗拉、摇架、弹簧上下销等部件，而且要耐用，能实现大牵伸、重加压、强控制、加压稳定、锭差小，要做到小浮游区、小皮圈钳口隔距、小罗拉中心距，后区牵伸能为前区提供良好的条干均匀度、结构好的须条。

我国已引进及生产的细纱机牵伸加压机构有三种形式，即圈簧摇臂加压（如德国SKF型、国产YJ-142系列）、板簧摇臂加压（如德国绪森公司HP-310型）及瑞士气动加压（如R_2P、P3-1型）。目前我国在引进消化的基础上，已有不少纺机厂生产各种细纱机牵伸摇臂加压机构，如江苏同和纺机公司不仅可生产圈簧、直接气动摇臂加压及杠杆式气动摇臂加压，而且经过努力已生产出与德国绪森公司HP-310型质量类似，又具有中国特色的高级板簧摇臂加压加机构并供应市场。在此之前，我国常德纺机及浙江恒生纺机等也生产板簧摇臂加压机构。

一、环锭细纱机的加压机构

对目前世界上生产的四种环锭细纱机的加压机构进行对比，见表1。

表1　环锭细纱机加压机构

加压臂型式	A	B	C	D
加压原理	机械式	机械式	气动加压（直接）	气动加压（杠杆式）
加压元件	板簧	圈簧	压缩空气	压缩空气
加压负荷	足够	足够	足够	足够
加压负荷的调节	前罗拉	所有上罗拉	所有上罗拉	所有上罗拉
加压机构调节方式	单独调节	单独调节	集中调节	集中调节
部分释压	单独	可靠	中央集中调节加压	中央集中调节加压
摩擦负荷	无	有	有	有
前罗拉位置精密度	机械加工精确	冲压式加工精确	冲压式加工精确	冲压式加工精确
前罗拉位置可否调节	可	否	否	否
是否有抗静电	是	是	减少	减少

二、HP板簧加压机构的优点

1. 浮游区小，前区中心钳口距离最小，比SKF牵伸加压系统缩短了4～5 mm，达到了小钳口、小中心距、小浮游区及小皮圈钳口的要求，为有效地控制主牵伸区纤维的运动，对改善条干，减少纱疵、粗细节、棉结及提高纺纱质量有显著的作用。HP 三罗拉双短皮圈牵伸可使须条受到良好的控制，适纺支数较高。由于是直接加压，所以没有内摩擦损失。

2. 板簧用钢板材料的断面面积远远大于圈簧钢丝的断面积，并可选用高级弹簧钢(板簧厚度为 2 mm)，使板簧的弹性提高，应变能力加大，在同一压力条件下板簧变形只有圈簧变形的 8.7%，因此，板簧受压后变形力很大，不会产生缓弹性及塑性变形。HP 板簧对罗拉加压时，压力稳定持久。

3. 板簧加压机构可在线调整罗拉中心距，调整简便准确。板簧与皮辊握持爪匝的顶端固定联接在定位匝上，并装有皮辊定位弹簧，三者联为一体，握持中心线与上罗拉中心线相吻合平行，握持爪匝是在定位后再进行研磨加工的，加工精度高，保证加压时稳定可靠。皮辊芯子与摇架握持宽度比 SKF 宽 10 mm，使上下罗拉平行度受加工精度的保证，在各种摇架中，HP 板簧加压机构最好。

4. HP 板簧加压机构中采用了钢质上销，具有加工精度高、光洁度好、不易变形等优点，使皮圈运转灵活，为缩小浮游区创造了条件。

5. HP 板簧加压系统纺纱质量好，机构简便，易于管理维护，加压精确。

表 2　国外三种摇架加压形式中心钳口距离的对比

牵伸加压形式	SKF	R_2P	HP
最近线测量距离(mm)	14.62	13.60	12.60
中心钳口距离(mm)	16.41	15.50	14.40

HP-A-320 摇架的中心钳口距离比 SKF PK225 摇架小 2 mm，三种摇臂加压形式的中心钳口距离以 HP 最小。

表 3　国外 HP-A-310 摇架与 SKF PK225 摇架的纺纱质量试验结果对比

项　目	HP-A-310				SKF PK225			
	1	2	3	平均	1	2	3	平均
条干 *CV*(%)	15.00	22.00	15.04	15.14	15.61	15.40	15.60	15.54
千米细节(−50%)	23.7	19.8	21.8	21.8	41.1	37.2	39.6	39.3
千米粗节(+50%)	116	98.8	112	108.9	132.7	118.2	138.2	129.7
千米棉结(+200%)	171.5	132.5	151.2	151.7	164.8	151.8	162.9	159.8
单纱强力(cN/tex)	20.33	19.96	19.72	20.00	19.47	18.34	18.71	18.84
10 万米纱疵(个)	68.9	51.6	70.5	63.7	77.3	84.0	68.7	76.6

从表 3 对比中可看出，国外板簧加压机构的纺纱质量明显优于圈簧加压机构。

三、我国同和纺机公司生产的 BYJ-145 板簧细纱加压摇架

我国同和纺机公司开发生产的 BYJ-145 板簧细纱摇架攻克了材料、热处理及金加工等关键技术，结合该公司长期生产细纱弹簧摇架的压力分配和安装固定的经验，形成了适合国内用户多品种需求的中国式新型细纱板簧加压摇架，目前已经有数十家用户在大量使用该摇架。同和摇架不仅吸收了 HP 摇架的优点，还具有同和纺机公司的独特优点。BYJ-145 板簧细纱加压摇架的特点如下：

1. 上罗拉各自单独加压，各上罗拉之间隔距可按工艺要求调整(摇架的共性)。

2. 加压机构实现对上罗拉直接无内摩擦加压，板簧压力稳定可靠的优势得到充分发挥，确保牵伸质量的可靠(板簧摇架的特点)。

3. 部分抬起手柄可获得半释压(板簧摇架的特点)。

4. 各加压组件都有经过加工而成的宽握持上罗拉握持座，比一般圈簧上罗拉握持座宽 10 mm，可以获得稳定的对上罗拉的导向作用，保证了上、下罗拉之间的平行度，无需进行调整(板簧摇架的特点)。

5. 上罗拉的压力可各自分级调节，前、中、后加压均各有四档压力可以调节，可按所纺品种的需要调节压力(同和板簧摇架的特点)。

6. 与 YJ2-142 系列摇架具有相同的安装尺寸，两者支杆轴通用(同和板簧摇架的特点)。

7. 可与 YJ2-142 系列摇架及气动杠杆摇架等的上皮辊及铁辊通用(同和板簧摇架的特点)。

8. 摇架掀起的定位角度为 50°(进口板簧摇架为 45°)。

9. 独特的上销握持结构，配置板簧专用上销更能改善成纱质量。

10. 与圈簧摇架成纱质量比较，锭差 CV_b 减小 20%。

四、两种摇架的测试结果对比

为了检验同和 BYJ-145 板簧摇架的性能，苏州某棉纺厂对同和 BYJ-145 板簧摇架与 SKF PK225 弹簧摇架同时进行纺纱试验，并对纺纱质量进行对比测试。

1. 两种摇架的试条件相同，测试仪器为陕西长岭纺织机电科技有限公司生产的 YG136 条干均匀度测试分析仪(1.5.1 版)。

材料名称：	黏胶纤维纱	试样号数：19.7
刻度：	0.5 m/div	量程设置：100%
纺纱类型：	棉型	测试速度：400 m/min
测试时间：	1 min	槽号：5 槽

2. 两种摇架(BYJ-145 板簧摇架、SKF PK225 弹簧摇架)的纺纱质量测试结果见表 4、表 5，表中每个数据均为 12 次试验的平均值。

表 4　BYJ-145 板簧摇架的纺纱质量

项目	CVm(%)	U(%)	CV10m(%)	CV50m(%)	CV100m(%)	AF	细节 −50%	粗节 +50%	棉结 +200%
CVmMean 值	12.37	9.80	2.24	1.07	0.61	100.00	1	8	15
CV_b	1.38	1.52	13.00	23.65	40.94	0.81	182.21	50.44	48.61

表 5　SKF 弹簧摇架的纺纱质量

项目	CVm(%)	U(%)	CV10m(%)	CV50m(%)	CV100m(%)	AF	细节 −50%	粗节 +50%	棉结 +200%
CVmMean 值	12.50	9.89	2.42	1.18	0.56	100.00	2	11	18
CV_b	1.99	1.97	17.65	29.29	48.22	0.71	165.83	63.08	40.26

3. 试验结果分析与讨论

(1) 从表 4、表 5 中可看出，同和 BYJ-145 板簧摇架纺制纱线的各项质量指标大都比 SKF 弹簧摇架纺制的纱线好。同和 BYJ-145 板簧摇架生产纱线的不匀率平均值 CV_m 为 12.37%，SKF 弹簧摇架不匀率的平均值 CV_m 为 12.50%。

(2) 同和 BYJ-145 板簧摇架的锭差小。同和 BYJ-145 板簧摇架的锭差 CV_b 值为 1.38%，而 SKF 弹簧摇架的 CV_b 值为 1.99%。

(3) 同和 BYJ-145 板簧摇架生产的细纱的细节、粗节及棉结少，分别为 1、8、15，而 SKF 弹簧摇架生产纱线的细节、粗节及棉结分别为 2、11、18。

(4) 同和 BYJ-145 板簧摇架生产的细纱的中短片段不匀率低，其 *CV*10m、*CV*50m、*CV*100m 大都比 SKF 圈簧摇架生产的细纱好。

五、结束语

通过分析及对比试验表明，直接气动加压摇架及板簧加压摇架都比目前国内常用的 YJZ-142 圈簧摇架性能好，加压稳定可靠，纺纱质量好。板簧摇架生产的细纱的质量指标都优于 SKF 圈簧摇架生产的细纱的质量，气动加压系统虽然纺纱质量也可以，但机构比较复杂，要有气源发生器、贮气箱、气路等系统；而同和纺机公司生产的高精度 BYJ-145 细纱板簧摇架板簧材质选择得当，加工精确，在纺纱中加压长期稳定、可靠，结构简单易于维护管理，并达到了小钳口、小中心距、小浮游区及小皮圈钳口的要求，更为有效地控制了主牵伸区纤维的运动，对改善条干，减少纱疵，减少粗细节、棉结等，提高纺纱质量有显著的作用。因此推广应用板簧加压技术势在必行。目前，同和公司又成功开发出高性能粗纱板簧摇架，其主要技术指标均优于粗纱弹簧加压摇架。同和纺机公司成功开发与生产高精度 BYJ-145 细纱板簧摇架及粗纱板簧摇架，加快了我国板簧加压机构的推广应用步伐。

参考文献

1. 秦贞俊. 现代棉纺纺纱新技术[M]. 上海：东华大学出版社，2008-7

2. 秦贞俊. 世界棉纺织前沿技术[M]. 北京：中国纺织出版社，2010-6

3. 秦贞俊. 环锭细纱机的技术进步[C]. 2003 年全国传统纺环锭细纱机技术进步专题研讨会专题报告：1-15

4. Survey. Staple yarn spinning [J]. Textrile Asia，2008(8)：22-28

5. Uster Statistice 2007 Uster Technologies，2007-8

6. Survey. Staple yarn spinning [J]. Textile Asia，2008(8)：22-24

7. Peter Top. Weighting arms for ring spinning frams [J]. SPINNO VATION 2006-7-22：4-7

8. KIH Leary. Short staple ring spinning [J]. Textile Asia，1999(4)：21-24

9. Peter Artzt. Short-staple on the way to meet yarn structure and better row material utilzatron [J]. Textile Bulletin，1999(4)：16-24

10. 上海 2008ITMA Asia 及 CITAME 技术资料

11. 上海 2010ITMA Asia 及 CITAME 技术资料

12. 2007 慕尼黑 ITMA 技术资料

13. 苏州某棉纺厂板簧摇架加压机构与 SKF 弹簧摇架加压机构的试验报告资料

14. 同和板簧摇架的有关资料

附 4：

赛络紧密纺异形管吸气槽与纱线指标关系的研究

廖　峰[1]，　刘娟芳[2]

（1. 常州同和纺织机械制造有限公司；2. 常州机电职业技术学院）

1. 前言

赛络纺、紧密纺是环锭细纱机的两大创新，备受市场欢迎。2009 年上海国际纺织展览会上，有多个厂家展示了赛络紧密纺样机，把赛络纺与紧密纺有机结合，纺纱质量进一步提高。本文重点对赛络紧密纺的关键零部件——异形管的两根负压槽中心距进行了试验与研究，给出了赛络紧密纺异形管的两根负压槽中心距与成纱毛羽的关系。

2. 赛络紧密纺技术原理

赛络纺是把传统环锭纺单根粗纱喂入改为双根粗纱喂入，每根粗纱单独传过牵伸区，在前皮辊输出后合股成纱，改变了原纱结构和成纱质量。紧密纺是在传统环锭细纱机牵伸区后与加捻区增加一个集聚区，利用负压空气对纤维产生气动集聚效应，最大限度减小纺纱三角区，大幅度减少 3 mm 毛羽，提高单纱强力。

赛络紧密纺是把两根赛络纺粗纱经牵伸区后，分别经过紧密纺装置异形管表面对应的一组吸气槽，在负压的作用下使纤维集聚，再经控制皮辊输出后合股成纱。赛络紧密纺充分发挥了赛络纺与紧密纺两者的优势，使纺纱指标有了新的提高。

在赛络紧密纺的运用过程中发现，调整异形管表面对应的一组吸气槽下口的中心距离，对成纱质量有明显影响。吸气槽下口的距离越大，纱线赛络纺的风格越明显，毛羽指标越好。如图 1 所示。

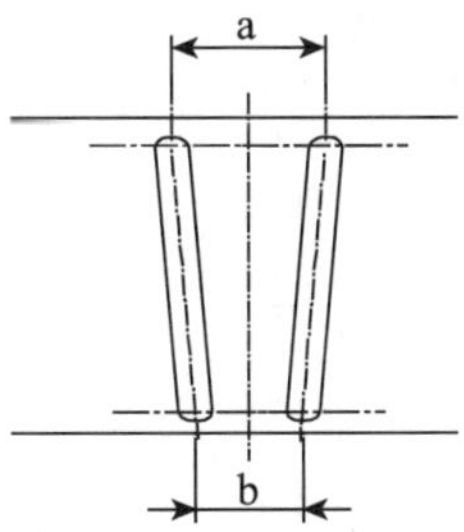

异形管编号	a (mm)	b (mm)
A	8	5
B	7	4
C	6	3

图 1　赛络紧密纺异形管吸气槽

3. 纺纱试验

试验机型：紧密纺改造后的 BS516 型环锭细纱机。

试验方案：选用 A、B、C 三种异形管吸气槽，分别试制 14.6、9.7 tex 两种不同线密度的纱线，同一线密度的纱线的其他工艺相同。

纺纱工艺参数：纺制不同线密度纱线的紧密纺工艺参数如表 1 所示。

表 1　纺制不同线密度纱线紧密纺工艺参数

线密度/tex	粗纱定量 /g·(10m)$^{-1}$	设计捻度 /捻·m^{-1}	前罗拉转速 /r·min^{-1}	隔距块/mm	吸气槽负压/Pa
14.6	3.0	930	210	2.8	2500
9.7	3.0	1300	170	2.5	2500

测试仪器和条件：YG063 型全自动单纱强力仪、YGl72A 型纱线毛羽测试仪、YG136A 型条干仪，测试前原料在温度(20±2)℃、相对湿度(65±5)%条件下平衡 24 h 以上。

4. 试验结果及分析

三种异形管的对比试验数据见表 2、表 3。

表 2　赛络紧密纺不同槽形异形管数据对比表(品种：JC9.7(100%细绒棉))

槽形	序号	条干 CVm(%)	细节-50% (个/km)	粗节+50% (个/km)	棉结+200% (个/km)	毛羽 H	毛羽指数(根/m) 1mm	2mm	3mm	强力 (cN)
A	1	13.15	8	29	70	2.36	17.26	1.98	0.28	209.5
	2	13.16	12	31	54	2.32	19.23	2.59	0.38	200.3
	3	13.34	14	17	67	2.36	18.38	2.78	0.58	204.9
	平均	13.22	11.33	25.67	63.67	2.35	18.29	2.45	0.41	204.9
B	1	13.29	8	24	67	2.37	18.89	2.61	0.45	205.2
	2	13.25	8	28	64	2.49	18.39	2.46	0.50	203.4
	3	13.19	8	28	62	2.31	19.16	2.51	0.44	205.5
	平均	13.25	9.11	25.89	64.89	2.4	18.52	2.51	0.45	204.5
C	1	13.35	13	22	59	2.39	24.92	3.34	0.5	208.6
	2	13.20	6	21	63	2.39	25.27	3.26	0.53	208.3
	3	13.58	16	24	54	2.42	25.59	3.54	0.61	192.1
	平均	13.38	11.67	22.33	58.67	2.4	25.26	3.38	0.55	203

表 3　赛络紧密纺不同槽形异形管数据对比表(品种：JC14.6(100%细绒棉))

槽形	序号	条干 CVm(%)	细节-50% (个/km)	粗节+50% (个/km)	棉结+200% (个/km)	毛羽 H	毛羽指数(根/m) 1mm	2mm	3mm	强力 (cN)
A	1	11.19	0	7	22	2.75	26.13	3.04	0.41	345.3
	2	11.14	0	3	28	2.77	25.29	2.88	0.43	342.1
	3	11.10	0	5	27	2.74	24.14	3.04	0.47	343.7
	平均	11.14	0.0	5	25.67	2.75	25.19	2.99	0.44	343.7
B	1	11.24	0	8	26	2.81	30.08	4.22	0.73	327.2
	2	11.20	0	5	33	2.72	24.83	3.01	0.48	363.5
	3	11.11	0	4	25	2.76	23.14	3.11	0.51	343.3
	平均	11.19	0.0	6	28.22	2.76	26.7	3.41	0.55	344.8

续前表

槽形	序号	条干 CVm(%)	细节−50% (个/km)	粗节+50% (个/km)	棉结+200% (个/km)	毛羽 H	毛羽指数(根/m)			强力 (cN)
							1mm	2mm	3mm	
C	1	11.17	0	8	31	2.95	34.86	5.28	0.81	344.3
	2	11.06	0	4	21	2.90	36.41	4.71	0.69	341.5
	3	11.19	0	2	24	2.92	37.84	5.54	0.78	331.3
	平均	11.14	0.0	4.67	25.33	2.92	36.37	5.18	0.76	339.03

由表 2、表 3 可知，在纺 9.7 tex 与 14.6 tex 纱线时，纱线的毛羽 H、1～3 mm 毛羽指数随吸气槽下口距离的增大而降低，C 槽形 1～3 mm 毛羽指数最大，A 槽形毛羽最少。条干 *CV*m 值、单强没有明显变化。但是在纺 9.7 tex 纱线时，A 槽形异形管容易引起断头，相反 C 槽形异形管断头情况最稳定。因此，在纺 9.7 tex 纱线时宜采用 B 槽形异形管，数据与设备的稳定性均比较适中。

5. 结论

试验证明：下口中心距离较大的异形管吸气槽对于纺制线密度较大的纱线有利，下口中心距离较小的异形管吸气槽对于纺制线密度较小的纱线有利。因此，纺制不同线密度的纱线时可以灵活选用不同下口尺寸吸气槽的异形管，以提高纱线质量，确保设备的稳定性。总之，选用异形管的吸气槽应根据所纺纱线的线密度来决定。另外，所纺纱线的用途不同，对断裂强力、3mm 毛羽、条干、粗节、细节和棉结的要求亦不同，应根据纺织企业实际情况来决定异形管吸气槽的结构，以较小的生产成本纺制出较优质的纱线。

参考文献

1. 秦贞俊. 现代棉纺纺纱新技术[M]. 上海：东华大学出版社，2008

2. 秦贞俊. 世界棉纺织前沿技术[M]. 北京：中国纺织出版社，2010

3. 秦贞俊. 环锭纺纱机技术的新发展[J]. 纺织导报，2000(4)：16-17

4. 秦贞俊. 紧密纺环锭纱的纺纱技术[J]. 现代纺织技术，2002 (2)：3

5. Survey. Staple yarn spinning [J]. Textile Asia，2008(8)：22-28

6. Leary R H. Short staple ring spinning [J]. Text Asia，1999(9)：19-20

7. Stalder H. Ring spinning advance [J]. Textile Asia，2000(3)：43-45

8. Artzt P. Short-staple on the way to new yarn structure and better row material utilization [J]. Inter Text Bulletin，1999(4)：18-22

9. AHMAD. Future belongs to compact spinning [J]. The Indian Textile Journal，2008(8)：30-34

10. 上海 2010ITMA Asia and CITAME 及 2007 慕尼黑 ITMA 技术资料

附 5:

精梳机梳针锯齿锡林的技术研发

戴步忠,王　胜
(浙江锦峰纺织机械有限公司)

一、精梳机锡林的作用

精梳技术是制约精梳纱比重的关键因素,目前制造精梳机的厂家主要生产精梳主机设备,而带有核心技术的器材——锡林主要来源于进口。棉纺精梳机锡林是棉纺精梳机上的主要分梳部件,其梳理效果直接影响棉纱的质量。棉纺精梳机锡林工作时,梳理前区的主要作用是穿刺棉层,对紊乱的棉纤维进行开松和初期梳理,梳理中后区的主要作用是排除棉层中的棉结、杂质及短绒,同时提高纤维的伸直度、平行度和分离度。目前,棉纺精梳机锡林生产厂家只生产两种锡林:一种为梳针锡林,另一种为锯齿整体锡林。梳针锡林的穿刺力强,不损伤纤维,但在高速精梳机锡林中后区,梳针较细,极易损坏,使用寿命不长,无法达到高速梳理的效果。锯齿锡林锯齿强度高,分梳效果好,使用寿命长,但锯齿的穿透能力较弱,无法穿透大定量棉卷,无法满足大定量高产的要求。随着纺织生产的发展,市场迫切需要高速、高产的精梳机及其配套专件、器材。

二、新型梳针锯齿锡林的特点

近年来,我公司对精梳机锡林的原理、结构和工艺进行了创新和改进,公司生产的锡林的创新性和先进性得到提高,适应了现代纺织高速度、高产量、高质量、低用工和低能耗的要求。公司经过几年的潜心研究,对国外先进技术消化吸收并进行大胆创新,在国内首创了精梳机梳针锯齿锡林技术,结合梳针锡林和锯齿整体锡林的优点,在梳理前区安装梳针组,梳理时穿刺、整理、开松效果较好,不损伤纤维;在梳理中后区则采用锯齿锡林的构造,排除棉结、杂质及短绒的效果较好。巧妙奇特的结构设计,大大提高了分梳质量,减少了原棉损耗,达到了高速、高产、优质的分梳效果。

使用梳针锯齿锡林后,精梳条和成纱棉结、杂质、短绒明显减少,成纱中的粗、细节和条干指标得到很大改善,精梳落棉(含短绒)降低了 1.2%,单位产品标准用电量减少 8.5%,从而降低了生产成本和固定资产投资,提高了纺织品的技术含量和档次,增加了纺织品的附加值,增强了纺织企业的核心竞争力。

三、梳针锯齿锡林的创新改进和关键技术

1. 梳针锯齿锡林的改进措施

(1) 优化工作角、齿尖角,齿深和齿厚均前排大后排小,齿尖全冲齿“零”宽度(简称:四大四小一个零)设计,达到逐渐强化分梳的效果,可适应不同原料纺制细、中、粗号精梳纱和高速、大定量的要求。

(2) 表面粗糙度、齿根圆角、齿面圆角、材质、热处理等,均保证不伤纤维,便于清洁毛刷随时清洁,提高产品可靠性,延长使用寿命。

(3) 适应速度高,可适应转速高于 350 钳次/min 精梳机的要求;保证棉卷定量 80 g/m 左右时大定量的分梳。

2. 关键技术

(1) 运用CAD系统对锡林进行整体优化设计，提高了梳理功能的可靠性。对锡林梳理元件的工作角进行优化设计，根据锡林梳理元件尖部在运动中所受诸力(梳理力、空气阻力、纤维间的弹力等)的合力不同，设计齿片不同的工作角 α；通过纤维在梳理过程中的受力分析，对梳针和齿片的工作角范围确定为 $35° \leqslant \alpha \leqslant 45°$，前排工作角大，保证穿刺好，逐排减小工作角，以保证最佳的穿刺效果和梳理效果。

对梳针和齿片的针齿高 h 设计为 $2.9\ \text{mm} \geqslant h \geqslant 1.35\ \text{mm}$，针齿高度前深后浅，减小纤维的充塞面积，使纤维浮升在针齿片的工作部分，提高针齿尖凝聚纤维的能力，提高分梳效果。对针齿片厚度 B 也进行了优化设计，前排针齿片到后排针齿片为 $0.3\ \text{mm} \geqslant B \geqslant 0.1\ \text{mm}$，从结构设计上保证梳针锯齿锡林的可靠性。锡林前区到后区针齿密度 N 设计范围为 18 齿/$\text{cm}^2 \leqslant N \leqslant 156$ 齿/cm^2，由稀到密逐步增加分梳点，符合精梳机锡林的梳理原理。

根据多年的锡林研发及使用经验，我们将锡林分为前、后两区。前区的主要功能是插入、开松及整理，后区的主要功能则是梳理、排除结杂及短绒。为了加强分梳力度，在保证有足够容纳纤维空间的前提下，增加了总齿数，同时考虑到前、后区的不同功能，总齿数的增加主要在后区。例如总齿数为 2.52 万齿的 E7/5 五分割锡林，五组齿条的齿密度分别为 18、29、43 齿/cm^2 和两组 156 齿/cm^2。

(2)选用进口新型材料，保证材料性能的稳定性。锡林针齿正面的切向力和轴向力大，为了减小工作时的变形量，增强耐磨性，延长使用寿命，我们对国内外梳针和钢带材料进行优选，按我们的要求定制一种特殊钢材，以满足精密针齿面和梳针的材料需求。通过试用，该材料能满足生产高速、高产、高质棉精梳机梳针锯齿锡林的性能要求。

(3) 采用自动化控制热处理的工艺，延长锡林的使用寿命。采用自动控制真空热处理的先进淬火工艺，经多次试验淬火、回火后，针齿表面硬度达 HV650 ～HV800，耐磨性好，针齿基部具有抗冲击性，表明热处理工艺优化效果明显。

3. 梳针锯齿锡林的创新点

(1) 结构创新。梳针锯齿锡林由前部梳针、后部锯齿两者完美组合，结合了梳针和锯齿的优点，摒弃缺点，保证须条断面穿刺、梳理的合理性。结构属国内首创。产品采用自有专利技术"棉精梳机梳针锯齿锡林"。

(2) 原理创新。对锡林圆心角和针齿工作角进行优化设计，并且通过模拟样机进行筛选优化，分梳板的圆心角增加 5°，针齿的工作角逐步由大变小，增加分梳点，梳理能力逐渐增强，达到分梳质量的要求，更适应大定量，输入棉卷重量由 50 g/m 提高到 80 g/m 左右。

(3) 生产工艺创新。设计和制造了自动打孔机、自动排针机和自动装针机等设备，产品的直线度小于 0.05，加工梳针锯齿锡林的劳动效率提高了 48%。

(4) 产业化方面的创新。梳针锯齿锡林设计合理，加工精度高，降低了棉纺织企业生产成本。据测试，与其他同类产品相比能耗降低 8.5%；精梳工序车间噪声降低 5～8 dB；使用梳针锯齿锡林，输入棉卷重量可增加 50%左右，产量提高了 50%，提高了棉纺织厂精梳工序的劳动生产率，降低了用工，同比减少了精梳机的台量配置，节约设备投资和厂房投资。

四、梳针锯齿锡林的主要技术指标和纺纱效果

1. 梳针锯齿锡林的主要技术指标

锡林半径极限偏差$^{-0.05}_{-0.18}$ mm；锡林齿尖对锡林轴线径向圆跳动≤0.13mm；锡林齿尖轴向连线高度差≤0.08 mm；梳针和锯齿片工作部位的硬度 HV650～HV800。

2. 梳针锯齿锡林的精梳纱质量指标

使用梳针锯齿锡林后，精梳纱条干 *CV* 值、千米细节(－50%)、千米粗节(＋50%)、千米棉结(＋200%)等指标均达到乌斯特公报 2007 最好水平 5%以内。2009 年 12 月，经相关权威部门证实该成果达到国内领先水平。

3. 试验结果

梳针锯齿锡林已实现批量生产和销售，将梳针锯齿锡林与同类进口产品在山东某知名纺织厂进行使用对比，纺纱品种为 CJ14.6 tex，精梳机速度为 375 钳次/min，采用同精梳小卷，后道工序并条同眼，粗纱、细纱同台同锭进行对比试验。结果如表 1 所示。

表 1　梳针锯齿锡林与进口锡林的对比试验

项目	进口锡林	梳针锯齿锡林
型号	7015	JZX-E65-95°-5T
总齿数(齿)	29 000	36 000
适纺纤维长度(mm)	26～38	27～38
隔距调节	调节不方便	调节方便
针齿条	齿条不更换	齿(针)条可更换
精梳条干 *CV*(%)	3.96	3.83
短绒率(%)	7.3	6.02
落棉短绒率(%)	79.19	79.23
精梳条棉结(个·g^{-1})	8	7
精梳条杂质(个·g^{-1})	8	5
落棉率(%)	14.8	13.2
条干 *CV*(%)	12.44	12.21
细节(个·km^{-1})	1	0
粗节(个·km^{-1})	25	20
棉结(个·km^{-1})	38	23
条干 *CV*b(%)	1.36	1.28

从以上数据可知，梳针锯齿锡林的各项试验指标均优于同类进口锡林。

五、梳针锯齿锡林的技术优势及应用前景

梳针锯齿锡林替代进口精梳机锡林具有以下几个方面的明显优势：

1. 性价比高。从半成品精梳条千米棉结和千米杂质的质量对比看，梳针锯齿锡林可与国外同类产品媲美。通过使用厂家的试验证明，梳针锯齿锡林每只可正常纺纱 121 t，国外精梳机锡林每只可正常纺纱 109 t，表明我公司生产的梳针锯齿锡林在寿命方面占有优势，且产品前排用梳针代替锯齿，强度明显提高，每只价格为 2 000 元，仅为同类进口产品的三分之一，性价比高。

2. 维修保养简易、方便。产品在使用过程中若出现断针、弯针、并针等状况，均可局部维修和更换，使用厂家可以将产品纳入周期性保养范围，从而保证一直符合纺纱技术要求；而进口产品在使用过程中出现上述状况后不能局部维修和更换，梳理器材只能整体更换，从而增加了纺纱生产成本。

3. 采购和售后服务质量好。产品从签合同到收货只需三天，售后服务人员随叫随到，并且安排技术人员免费周期巡回检查；而进口产品则需三个月才能到货，并且服务人员来厂服务手续烦琐，收费高。

据不完全统计，我国纺织企业精梳机已达到 2.52 万台，精梳纱比重约占 25%左右，国内精梳机锡林的年需求量在 6.7 万只左右，其中国产精梳机锡林占 80%，进口精梳机锡林占 20%，我公司生产的精梳机锯齿锡林系列产品占国产精梳机锡林的 78%，棉精梳机梳针锯齿锡林代替锯齿锡林已经成为趋势。精梳产品比例的提高为精梳机梳针锯齿锡林提供了更广阔的市场前景。

六、结束语

经过近三年的努力，通过大量试验，我公司研制开发的梳针锯齿锡林已获得国家专利，并且实现了批量生

产。大量试纺结果表明，无论大定量还是轻定量、长绒棉还是细绒棉，梳针锯齿锡林都能很好地适应加工要求，并可实现高速、高质、高产、低耗能和低用工的要求，且梳针锯齿锡林的性价比非常高，有利于纺织厂提高质量、降低生产成本。

参考文献

1. 梅自强. 国内外精梳技术现状和展望[C]. “东飞马佐里杯”2007 年高效能精梳机工艺技术交流与应用研讨会论文集

2. 任家智. E62 型精梳机工艺特性分析[J]. 棉纺织技术，2006，33：15—19

3. 费青，阚浩英，陈海涛，等. 梳理针布的工艺特性、制造和使用[J]. 北京：中国纺织出版社，2007—6

4. 秦贞俊. 世界棉纺前沿技术[J]. 北京：中国纺织出版社，2010—6

5. 秦贞俊. 现代棉纺纺纱新技术[M]. 上海：东华大学出版社. 2007—7

6. 全国纺织机械与附件标准技术委员会. 纺织机械与器材实用标准汇编(2010 版)[S]. 北京：中国轻工业出版社，2010—6

附 6：

精梳梳理专件的技术创新及优化应用

戴步忠　王　胜

（浙江锦峰纺织机械有限公司）

一、精梳机梳理器材和专件的重要性

随着精梳机达到 500 钳次/min 以上的高速度、棉卷高达 80 g/m 的大定量，低碳经济背景下节约能耗、节约纺织原料和节约用工的要求，此外，随着新型纤维使用和半精纺使用推广，纺织企业对精梳器材和专件的使用要求越来越高。因此，作为精梳核心的梳理器材和专件引起国内外众多厂商和专家的研究和关注。精梳机专件器材的作用是去除纤维中的短绒、杂质和棉结，提高纤维长度整齐度，获得高度洁净、纤维伸直平行、富有光泽感的精梳条，从而改善成纱质量，提升档次。经过精梳工序后，半成品指标显著提高，棉结清除率达 10%～20%，杂质清除率达 50%以上，短绒减少 40%～50%，纤维伸直平行度提高 35%～45%，最终成纱的棉结、杂质、细节、粗节和毛羽指标得到明显改善。

二、国内外精梳器材的创新技术方向

纵观国内外精梳器材和主要专件，主要有以下几个方面创新：

1. 结构创新——提高稳定性和可靠性；

2. 工艺创新——增强适应性；

3. 原理创新——扩大功能；

4. 新材料应用——提高可靠性；

5. 进一步系列化和专业化。

三、梳理器材的结构与性能特点

1. 精梳机锡林

精梳锡林有三种结构形式：梳针锡林；锯齿整体锡林；梳针锯齿整体锡林。

1.1 梳针锡林

梳针锡林的穿刺力强，具有自洁功能，不损伤纤维，但在高速精梳机锡林中后区，梳针较细，极易损坏，使用寿命较短，而且植针难度非常大，无法适应高速和高质量梳理。具有代表性的产品有英国史弟威父子有限公司生产的梳针锡林，目前用量很少。

1.2 锯齿整体锡林

(1) 特点

在锯齿整体锡林中，根据生产工艺不同，分金属锯齿整体锡林和嵌入式锯齿整体锡林两类。它们的共性为：强度好，分梳效果好，使用寿命长，适宜在高速、高支、高质量中小定量的精梳机上使用。不足点为：锯齿穿透性能较弱，在前排无法穿透大定量棉卷，无法达到大定量高产要求。金属锯齿整体锡林每组齿数规格比较单一，同一组齿的工作角、齿高度、齿尖角、齿厚度和齿密度等参数是相同的；嵌入式锯齿整体锡林同一组齿的工

作角、齿高度、齿尖角、齿厚度和齿密度等参数，可根据不同的纺纱原料、工艺和质量要求来设计不同规格的锡林。

(2) 代表性厂家

浙江锦峰纺织机械有限公司、德国施尔、瑞士格拉夫、日本中川。

(3) 创新技术与产品

① 运用可调梳理隔距专利技术，赋予整体锡林梳理隔距无级可调新功能，属国内外首创，降低了锡林的安装难度；

② “四大四小一个零”的优化设计可逐步加大分梳强度，提高了锡林梳理能力；

③ 采用进口专用钢带和特别热处理工艺，保证了产品使用寿命；

④ 配套国内外高速高产精梳机，适应不同原料纺制高、中、低支精梳纱的要求；

⑤ 浙江锦峰公司生产的可调梳理隔距锯齿整体锡林，是具有自主知识产权的国家专利高新技术产品，被《中国纺织报》评为“60 年最具影响力纺织产品”，是国家级和省级新产品。

1.3 梳针锯齿整体锡林

(1) 特点

随着用工成本和工业用地成本不断上升，棉纺织厂对精梳机的要求越来越高，市场迫切需要高速、高产、大定量的精梳机。锦峰公司根据市场需求，率先研发出精梳机梳针锯齿锡林，其整合了梳针锡林和锯齿整体锡林的优点，在梳理前区安装梳针组，梳理时穿刺、整理、开松效果较好，损伤纤维少；梳理中后区则采用锯齿锡林的构造，梳理排除棉结、杂质及短绒的效果较好，巧妙奇特的结构设计，大大提高了分梳质量，减少原棉损耗，完全满足高速、高产、优质的分梳要求。在纺大定量的棉卷时，其性能完全优于梳针锡林和锯齿锡林，深受广大棉纺织企业和精梳机制造企业的青睐。

(2) 创新技术与产品

① 对结构进行创新设计，将梳针和锯齿优化组合，这一技术为国内外首创；

② 采用进口专用钢带和特殊的热处理工艺，保证产品使用寿命；运用 CAD、CAM 系统对锡林进行整体设计、加工，优化梳针和齿片齿数、齿片和隔片厚度等参数，更适应高速度、大定量、不同原料纺制细号、中号、粗号精梳纱的要求；

③ 梳针锯齿整体锡林是锦峰公司特有的具有自主知识产权的国家专利高新技术产品。

2. 精梳机顶梳

2.1 单排梳针(焊锡)顶梳

单排梳针(焊锡)顶梳的特点：能基本适应纺织厂的要求，传统单排整体顶梳的主要缺点为嵌花，弯针、并针，寿命短，适应性差。单排梳针顶梳适于纺中、粗号纱和毛纺型精梳纱，现在很少用该类顶梳。

2.2 双排梳针顶梳

(1) 特点

顶梳在精梳梳理过程中担负着梳理纤维后端的任务，但是普通顶梳只有一排针，梳理效果远远比不上锡林梳理的效果。通过结构创新，在顶梳上增加一排针但不增加顶梳厚度，将提高梳理效果。锦峰双排顶梳采用前后错位排列，这样能达到更好的梳理效果。在梳理时纤维在顶梳中曲线通过，能够更好地排除短绒、棉结和杂质。

(2) 创新技术与产品

① 双排整体顶梳增强了的梳理度。顶梳针排从一排增加到两排，梳针数成倍增加，梳理能力成倍提高，梳理质量同比改善，其排除短绒、结杂的能力大幅提高；

② 增强了双排整体顶梳的梳针抗弯刚度。精梳机运行时的弯曲力矩可由双排梳针共同承担，梳针的抗弯刚度几乎成倍提高，梳针因受力弯曲、倾斜以至出现并针、弯针的现象大幅下降，杜绝了断针发生；

③ 双排整体顶梳形成的附加摩擦力界较宽，加强了对游离纤维的控制，可减少纤维的损失；

④ 采用进口专用钢带和特殊的热处理工艺，保证了产品使用寿命；

⑤ 双排整体顶梳可派生出多种规格，适应不同纺纱号数、不同纤维原料的需要，可提高精梳机适纺品种的

灵活性和适应性；

⑥ 双排整体顶梳是锦峰公司具有自主知识产权的国家专利高新技术产品，并被列入国家“火炬计划”，是国家级和省级新产品。

2.3 自清洁梳针顶梳

(1) 特点

通过改变梳针工作角、针尖夹角、摩擦系数等参数进行优化设计，短绒、杂质在规定时间与针片分离，不需要压缩空气，降低用户成本，达到顶梳自清洁，提高精梳纱质量。

(2) 代表性厂家

浙江锦峰纺织机械有限公司、瑞士格拉夫。

(3) 创新技术与产品

① 进口专用钢带和特殊热处理工艺，保证了使用寿命和可靠性；

② 锦峰公司拥有自清洁梳针顶梳专利技术，断针、并针、嵌花概率大幅降低。

2.4. 镶嵌式整体顶梳

(1) 特点

结构简单，重量轻，安装拆卸方便。增加了顶梳的摆动幅度，进而扩大了梳理范围，有黏接式顶梳厚度薄的优势。

(2) 创新技术与产品

① 镶嵌式整体顶梳属锦峰公司在国内外首创产品；

② 专利技术增加镶嵌式整体顶梳的刚度，纳米表面更耐磨；

③ 重量轻，更适应高速度，表面光滑，针尖更锋利；

④ 设计了局部维修针条的特别结构，便于纳入器材的管理。

3. 精梳机钳板结合件

3.1 低速钳板结合件

(1) 特点

上钳板托脚、下钳板基座使用铸钢（铸铁），上、下钳板使用45钢材料，重量大，上、下钳板变形大，单线握持结构，钳板易黏附棉蜡，适于在车速低于200钳次/min的精梳机上使用，适用于A201、FA251和E7/4系列精梳机。

(2) 代表性厂家

浙江锦峰纺织机械有限公司、上海纺织机械总厂、瑞士立达。

(3) 创新技术与产品

① 结构上后支点由单支点改为双支点，提高了运动的稳定性；

② 在悬挂件上装有压簧，防止刚性闭合时过大的变形而导致上下钳板开裂；

③ 双线握持结构，提高了握持能力，有效地控制了纤维，使纤维的伸直度和平行度明显改善，稳定条干水平。

3.2 中速钳板结合件

(1) 特点

上钳板托脚、下钳板基座使用铝合金，重量减小；双点下支撑结构更为合理；上、下钳板采用1Cr13不锈钢制造，具有防锈、防腐功能，上、下钳板强度进一步增加，适于在车速≤350钳次/min的精梳机上使用，适配机型有PX2、CJ40、E7/5和FA261等系列。

(2) 代表性厂家

浙江锦峰纺织机械有限公司、上海纺机总厂、瑞士立达、经纬纺机厂。

(3) 创新技术与产品

① 下钳板基座特殊结构，受力更加合理，运动精度高，减小振动和噪声；

② 双弧面钳唇握持，上、下钳板吻合时压力大；

③ “死隙”长度进一步缩小；

④ 重量为 2 650 g，更轻；

⑤ 采用中支点支撑形式，实现等隔距梳理，摆动速度不受落棉隔距调节的影响。

3.3 高速钛合金钳板结合件

(1) 特点

上下钳板脚、下钳板基座使用镁合金材料，上、下钳板使用钛合金，重量更轻，上、下钳板强度增大 60%，适用于车速≥350 钳次/min 的精梳机，适配套所有高速精梳机。

(2) 创新技术与产品

① 重量轻为精梳机高速创造了条件，钛合金钳板材料密度是钢材的 60%，钳板重量降低 0.75 kg；另外钳板座采有镁合金，因此钳板结合件重量减到 2 104 g，惯性小；

② 设计合理，梳理“死隙” 进一步减小；

③ 抗拉强度增加 66%，延长了使用寿命；

④ 钛合金钳板材料具有减少棉蜡在钳口中积存的特性，提高了钳板的耐腐蚀性；

⑤ 加工精度更高，降低了运行中的噪声和能耗；

⑥ 锦峰公司生产的钛合金钳板结合件是具有自主知识产权的国家专利产品。

四、精梳梳理专件的配套选用原则

精梳梳理专件是决定精梳棉条质量指标的关键部件，合理使用和充分发挥锡林、顶梳和钳板的作用是控制精梳条质量的关键所在。由于精梳专件器材的选用与机型、原料、工艺、空调、纱号及质量的要求密切相关，因此在此仅介绍配套的原则。

1. 锡林的配套选用原则

(1) 机型

高速机型配置齿数较多的锡林，低速机型配置齿数较少的锡林。

(2) 原料

纺精梳长绒棉：同型号应选齿数较多的锡林，但并不是越多越好；齿面圆心角宜大；最好选择梳针锯齿整体锡林，以保证前列针强度和良好穿刺性；纺细绒棉：根据生条短绒、棉结、杂质高低来决定，如含量高，配置总齿数宜多，反之宜少。

(3) 工艺

定量大适宜选中等偏高齿数，最好选择梳针锯齿整体锡林，其他定量选择梳针锯齿整体锡林和锯齿整体锡林均可。

(4) 纱号

纺细号纱，宜选齿数较多的锡林，最好选择梳针锯齿整体锡林，能延长寿命；纱号大时宜选齿数较少的锡林，前面所述锯齿整体锡林和梳针锯齿整体锡林两种都可选择，但大定量最好选用梳针锯齿整体锡林，效果更好。

(5) 质量要求

纺纱质量要求高，宜偏大选择总齿数，齿面圆心角宜大。

为了调节方便和准确隔距，在选型时要考虑采用可调梳理隔距专利技术的锯齿整体锡林和梳针锯齿整体锡林。要走出认为针齿越密越好的误区，针齿过密，势必后排的齿高和齿厚更小，不利于短绒和结杂在锡林上容纳；另外，其结构决定了会在毛刷清理锡林上的短绒和结杂时造成困难。锦峰公司将根据纺纱企业的实际生产情况，科学准确地提供具体的方案。

2. 精梳顶梳的配套选用原则

顶梳齿数的选择同锡林是一致的，在此不再重述。在纺长绒棉时，最佳的选择是自清洁顶梳和镶嵌式整体顶梳，纺细绒棉可选择双排整体顶梳、自清洁顶梳和镶嵌式整体顶梳。选用双排整体顶梳后，精梳棉结在同等条件下可降低 30%～40%。

3. 精梳钳板结合件的配套选用原则

主要依据精梳机的工艺车速来选择不同档次的钳板结合件，同时考虑降低能耗、降低原料消耗、降低噪声等因素，最好选用钛合金结合件。锦峰公司具有多年生产各种钳板的历史，其中钛合金结合件是国家专利产品，各种钳板长期与国内知名精梳机厂家配套，还出口到国外。

五、精梳专件器材在使用及维护中应注意的问题

1. 细化运转，落实使用完好责任

加强值车工培训，必须按规定的周期做好清洁工作；按正确的巡回路线检查光电、自停装置；换卷时，应点动将钳板置于最前位置；严格按规定交接班。

2. 优化主要工艺参数

做好“三个参数”，即钳板闭合定时、分离罗拉顺转定时、弓形板定位。

优化“三个隔距”，即锡林隔距、顶梳隔距、落棉隔距。

3. 重视梳理专件器材的管理，发挥其潜能

制定专件器材的检查技术标准，纳入日常检查交接。根据《纺织工业企业设备管理制度》附件中的《精梳机大小修理接交技术条件》，对钳板按周期进行检查，要求光滑、无损；在自然状态下，用厚 0.08 mm、宽 25 mm 的纸在钳口握持处左、中、右三点测试，以抽不出为符合技术要求。

《精梳机大小修理接交技术条件》规定的锡林和顶梳的损伤规定标准，作为用于日常检查的标准偏严，而附件的《精梳机完好技术条件》对锡林和顶梳损伤规定无法满足现代精梳纱的质量要求。根据现在先进厂家的技术标准，建议日常检查使用表 1 所示的精梳机梳理器材检查技术标准。为了保证精梳纱生产的长期稳定，达不到标准的梳理专件必须下机维修；对于纺纱企业不维修的项目，器材厂家应提供技术支持。

表 1　精梳机梳理器材检查技术标准

<table>
<tr><th>类型</th><th colspan="2">允许限度</th></tr>
<tr><td>顶梳</td><td colspan="2">1. 连续损伤≤2 齿；　2. 不连续损伤≤3 齿</td></tr>
<tr><td rowspan="4">锡林</td><td>第一、二组</td><td>第三组至最后组</td></tr>
<tr><td>1. 任一列连续损伤≤3 齿</td><td>1. 任一列连续损伤≤5 齿</td></tr>
<tr><td>2. 任一列不连续损伤≤6 齿</td><td>2. 任一列不连续损伤≤10 齿</td></tr>
<tr><td>3. 整组损伤≤10 齿</td><td>3. 任一组损伤≤15 齿</td></tr>
<tr><td rowspan="2">备注</td><td colspan="2">1. 针齿损伤指断齿、并齿、短齿</td></tr>
<tr><td colspan="2">2. 日常检查执行该标准，大小修理执行《精梳机大小修理接交技术条件》</td></tr>
</table>

六、结束语

近年来，精梳机沿着高速度、高质量、大定量、节能、节约原料和自动化方向发展。国内外众多知名专家和学者对现代精梳梳理器材潜心研发，广大棉纺厂工程技术人员在纺织工艺、原料、设备、空调和运转操作上攻坚克难，通过探索积累了丰富的经验。因此，具有国际先进水平的精梳机的开发、生产和使用都取得了成功。梳理专件作为精梳机的核心部分，国内制造厂不断加大人力和财力，大力研究和应用高新技术，取得了很大进步，不断缩小与国际先进水平的差距，国产精梳专件器材的性价比优于国外同类产品，市场占有率不断扩大。

参考文献

1. 周金冠. 新型精梳机工艺技术的创新及其意义[C]. 2007 年高效能精梳机工艺技术交流与应用研讨会论文集.

2. 任家智. 精梳技术的新进展[C]. 2007 年高效能精梳机工艺技术交流与应用研讨会论文集.

3. 秦贞俊. 世界棉纺织前沿技术[M]. 北京:中国纺织出版社,2010-6

4. 秦贞俊. 现代棉纺纺纱新技术[M]. 上海: 东华大学出版社,2007-7

5. Riter India Ltd. E76 comber now can be linked to E17 servotrolley [J]. The Indian Textile Journal,2009(4):95-96

6. 2010 年上海 SITME8+CITME 展会资料

7. 刘全新,等. 积极发挥传统精梳机工艺效能的认识浅见[C]. 浙江省梳理技术学术研讨会论文资料汇编

附 7：

紧密纺发展综述

秦贞俊

在新型纺纱中，摩擦纺及喷气纺都是在特殊领域里应用的纺纱技术，发展有限。转杯纺纱取消了粗纱及络筒工序，是新型纺纱中比较成功的纺纱技术，已在短纤维棉纺纱体系中占有相当大的份额。转杯纺比环锭纺的产量要高得多。尤其在纺粗支纱方面，产量更加高，纱线的性能也比较突出。但综合比较这些纺纱技术，仍以环锭纺纱具有无可非议的质量及品种优势并在市场上占有主要的地位。

从 20 世纪 80 年代起，一些新的纺纱技术不断引入到环锭纺中，使其纺更加完善。尤其近些年来环锭纺发生了很大的变化，如牵伸系统、传动系统及自动监控系统等的技术进步，使环锭纺提高了产品品种的适应性，产质量也大幅提高。许多技术进步都使得环锭纺纱性能得到改进，特别是紧密纺技术的研制开发及应用，更使环锭纺发生了很大的变化。

一、关于紧密纺纱技术

1. 紧密纺纱技术是近几年环锭纺发生重大改革并取得成功的新技术，它是在普通环锭细纱机上加以改进而形成紧密纺纱(Compect)或称凝聚纺(Condensed)。由于这项改革极大地缩小了引出须条宽度，消除了纺纱三角区，使更多的纱体边缘没有杂乱的纤维，纱的捻度分布均匀，改善了纱的结构，提高了纱线质量，对提高下游工序的产质量有显著的影响。紧密纺技术无可非议是成功的。由于紧密纺纱具有许多优点，可在许多方面应用并可用来开发更多的产品，因此紧密纺将会有很广阔的发展前景。

2. 在环锭纺三上三下的三罗拉牵伸系统的前区装有带孔转笼或带孔皮圈以完成负压气流对纤维的凝聚作用，纤维束经过负压气流的凝聚作用而变窄，而且使每根纤维有效地纺入纱体中，从而消除了三角区并使细纱在主牵伸区形成更理想的纱线结构。

3. 在传统的环锭纺中，纺纱三角区是当纤维离开前罗拉钳口到加捻点的瞬间形成的，纺纱三角区是不受控的弱区，捻度很小。在一般情况下，靠近三角区的地方容易发生细纱断头，而且纺纱三角区的细纱强力与纺纱速度成负相关。因此如果消除了纺纱三角区可使纺纱速度提高，细纱强力增大、毛羽减少、飞花减少、断头减少。这是紧密纺所具有的特点。

4. 紧密纺技术对提高纺纱质量及增加经济效益具有很大的潜力，在保持一定纺纱质量的前提下，可降低原棉等级及原料成本；此外，在应用相同原料又保持一定成纱强力的前提下，可降低细纱捻度，进而提高引出速度，增加产量。紧密纺纱还可替代普通环锭纺精梳纱，而纺纱质量基本相同。

二、紧密纺纱性质与普通环锭纺纱性质的比较

1. 因为紧密纺纱内有很好的内摩擦阻力，纱的断裂伸长及断裂强力都很高，用紧密纺纱织成的机织布具有较高的断裂强力、断裂伸长率及撕裂强力(针织)。表 1 中的试样选用了紧密纺环锭精梳纱与普通环锭纺精梳纱用的原棉，在两种体系中细支纱不论精梳还是普梳纱都应用了不同等级的长绒棉；对应每种纱支都以同样的粗纱支数喂入。表 2 为紧密纺精梳纱性质与普通环锭纺精梳纱性质的对比，从表 2 中可看出，紧密纺纱的性

质都比普通环锭纺纱的性质好。

表 1　原棉使用情况

原棉性质	紧密环锭纺	普通环锭纺-1	普通环锭纺-2	普通环锭纺-3
长度(mm)	27.5	29.8	27.5	26.1
细度(Micronaire)(mm)	4.50	4.15	4.50	4.40
强力(cN)	85	95	85	85
精梳落棉(%)	14.5	18.5	18.5	20.0

表 2　筒子纱的质量对比

	紧密纺环锭纱	普通环锭纱-1	普通环锭纱-2	紧密纺比1改进(%)	紧密纺比2改进(%)
纱号(tex)(英支)	14.6(40)	14.6 (40)	14.6	(40)	
支不匀 *CV*(%)	1.796	2.310	1.926		
强力(cN)	69.20	60.00	56.25		
强力不匀 *CV*(%)	5.43	5.27	4.52		
品质指标	2768	2400	2228		
品质指标 U%	10.66	11.57	11.84	7.8	10.0
细节 (−50%)	3.5	22.5	30.4		
粗节(+50%)	31.3	98.3	87.9		
棉结(+200%)	91.3	138.1	93.8		
纱疵(IPI)	126.1	258.9	212.3	51.3	44.8
毛羽 H	4.6	5.37	5.51	14.3	16.5
强度(cN/tex)	16.73	15.06	13.4	11.1	19.9
强度不匀 *CV*(%)	11.25	8.35	16.93		
断裂伸长率(%)	4.51	4.41	3.55		
断裂伸长 *CV*(%)	11.33	11.57	14.25		
A1+B1+C1+D2	114.4	212.5	396.6		
A3+B3+C2+D3	4.8	5.7	20.8		
H2	0	3.4	1.6		
I2	0	2.5	2.4		
锭速(r/min)	21000	19300	18300		
捻度(捻/m)	25.15	27.96	28.78		

从表 1、表 2 中可看出，普通环锭纺-1 的原棉质量虽然比紧密纺环锭纱的配棉质量好，但紧密纺环锭纱的质量却比普通环锭纺-1 好；普通环锭纺-2 的原棉质量虽然与紧密纺环锭纱的配棉质量相同，但紧密纺环锭纱的质量却比普通环锭纺-2 好。在上述配棉的条件下，紧密纺环锭精梳纱的落棉量比普通环锭纺的落棉量低，但紧密纺环锭精梳纱的纺纱质量却比落棉量大的普通环锭精梳纱好，见表 3。

表 3 紧密纺精梳环锭纱与普通环锭棉精梳纱的对比

项目	普通环锭纱	紧密纺环锭纱比普通环锭纱
不匀率	100%	−5%
纱疵(IPI)	100%	−35%
强力	100%	+10%
U-4 毛羽	100%	−15%
S3-毛羽	100%	−80%

注:S3-毛羽为 3 mm 及以上的有害毛羽长度的根数的分布,由德国 G565、G566 检测仪检测。U-4 毛羽是 USTER-4 条干仪检测结果,每厘米纱上的毛羽长度×毛羽根数)

精梳紧密纺纱的不匀率要比普通环锭精梳纱的不匀率低 3%,纱疵少 30%,强力高 7%,U-4 毛羽少 10%,S3-毛羽少 80%;

普梳紧密纺纱的不匀率要比普通环锭纱的不匀率低 5%,纱疵少 35%,强力高 10%,U-4 毛羽少 15%,S3-毛羽少 80%。其他如紧密纺纱的强度(cN/tex)、伸长率、短的 IPI、纱疵分级等都比普通环锭纱好。

三、紧密纺纱优点对下游工序的影响

1. 针织:针织机上应用紧密纺环锭纱时,由于纱线毛羽毛圈比较少,针织机效率可显着提高,产量增加,织造时断头率低,织疵相应减少。不仅使织物具有好的外观,而且使下游工序的运转性能得到改进并提高了产品质量。在针织机上,纱线的毛羽毛圈会织到布上形成棉结从而造成断针或破洞。由于紧密纺纱体光洁,纱的捻度也可减小,因此减少了对导纱元件、织针及沉降片的磨损。据测,紧密纺纱线在针织机上应用时毛羽比普通环锭纱减少 60%,可以免去上蜡处理,有助于降低生产成本。

2. 浆整:紧密纺环锭纱毛羽少、强力高,整经断头可降低 30%,提高整经机效率及产量,减少人工接头工作量。由于纱线毛羽少,使浆纱时纱线之间的粘连现象减少,从而改进了浆纱质量,也减少了上浆量,减少了上浆费用,并使退浆率降低,同时减少了对环境的污染。紧密纺环锭纱强力高、毛羽少,在保证经纱可织性的前提下,可节省化学浆料 50%。

3. 织造:尽管浆纱的上浆率低,但织机断头却少,使织机效率提高。紧密纺环锭纱具有很好的织造加工性,经纬向断头分别降低 50%及 30%,大大提高了织机效率,降低了织造成本。实际运转中,剑杆织机 10 万纬断头率降低 33%、喷气织机降低 45%。同时,在喷气织机上将传统的环锭纱改为紧密环锭纱后,织机引纬率可提高 30%,还可节约浆料。

4. 后整理:在后整理加工中,紧密纺织物有显著的优点,特别是衬衫织物,采用非金属牵引加工,可使织物有很大的伸长恢复,印花织物的外观由于毛羽少而很美观。

5. 捻线:紧密纺纱在捻线时也具有优点,由于紧密纺纱的强力高,在减小捻度时线的强力不会明显降低,可减少捻线加工费并使手感柔软。

6. 烧毛:由于紧密纺纱的毛羽少,因此烧毛的时间较短,纱线的重量减少不大,一方面可节约原料,另方面可减少烧毛时在纱线上残留的灰尘。

7. 由于紧密纺环锭纱的耐磨性比传统环锭纱好,因此已在经编机上应用,开发出经编织物。

四、紧密纺纱技术的发展

自 1999 年巴黎 ITMA 以来,立达公司的 Com4 紧密纺纱机、绪森公司的 Elite 紧密纺纱机问世,它们可以加工各种短纤原料及纱支。而相继制造紧密纺纱机的公司还有青泽(Zinser)、丰田(Toyota)、罗托克瑞夫特(Rotorcraft)等,它们的紧密纺纱机的设计是不同的,可适应各种纤维长度,可以加工棉纤维一类的短纤维,也有可加工如羊毛等较长纤维的,且纺纱质量很高,同时还可生产长绒棉高档精梳纱。

1. 瑞士立达公司的 Com4 紧密纺纱机(图 1)

纤维在牵伸区被带孔的负压气流凝聚，使纤维在离开前罗拉钳口时完全受控，从而消除了纺纱三角区；此外，前罗拉还具有阻止捻度向凝聚区扩散的作用。由于凝聚区的特别设计及导纱元件的凝聚效率很高，因此纺纱质量好。优选的最佳凝聚元件是保证使所有纤维被凝聚受控的重要条件，Com4 紧密纺纱机由带孔转笼(带孔前罗拉)、负压吸管、负压气流导流元件等组成。

直接传动的带孔转笼表面很硬，耐磨且可防止纤维缠绕，内部有稳定不变的负压气流及特定形状的吸槽与机器的吸风管系统相连接。

Com4 紧密纺纱机由于前罗拉改为带孔的负压转笼起凝聚纤维的作用，罗拉直径较大(59 mm)，因此在快速牵伸前区中浮游区较大，不适于纺短纤纱。在 2007 年慕尼黑 ITMA 上，专家们认为 Com4 紧密纺纱机应向加工中长纤维(如羊毛)紧密纱方向发展。Com4 紧密纺纱机仅能整机销售，不能以紧密纺专件形式对普通环锭纺纱机进行改装，使 Com4 纺纱技术的发展受到制约。

2. 绪森(Sussen)Elite 紧密纺纱机(图 2)

在 1999 年巴黎 ITMA 上展出以来，Elite 紧密纺纱机已进入发展期并由于应用范围广及改装使用方便而享有盛誉。在纤维离开牵伸系统时立即受到有负压的带孔皮圈的凝聚控制。

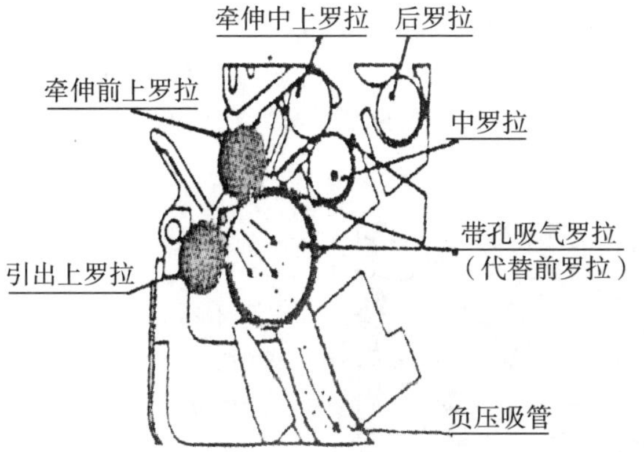

图 1　Com4 紧密纺纱机

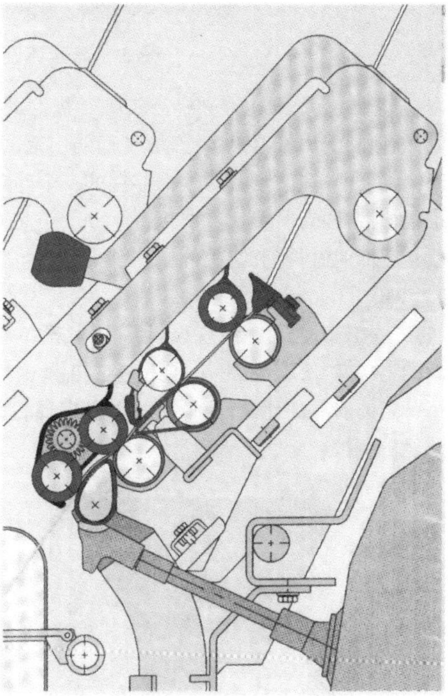

图 2　德国绪森公司 Elite 紧密纺纱机

(1) 带孔皮圈滑动着越过斜的异形负压吸管上的吸槽，使纤维随着吸槽运动，同时形成侧向滚动而给束纤维以捻度。Elite 紧密纺纱机的一项重要技术是纺纱锭之间的负压吸力能保持相同，为了能满足这个要求，气泵是单独由电机传动的，每个气泵负担 20～30 个锭子，使每个锭子上的负压吸力均衡一致以减少锭差。负压气流的作用使纤维十分规则，纺纱质量显著改进。Elite 紧密纺主要是带孔皮圈微孔的凝聚作用，带孔皮圈大约每平方厘米有 3 000 个孔，相当于 80 孔的带孔滚筒，带孔皮圈上的微孔不会将纤维吸走。由于整台细纱机锭与锭之间的负压状况十分相同，因此锭差很小，十分均匀。可根据所纺细纱支数来调节负压吸气量及压力，以达到准确的凝聚作用，纺出均匀的紧密纱来。据测试，紧密纺纱中负压凝聚作用使纤维的全部损失低于 0.2%，微孔造成的纤维损失不大于 0.1%，所以这种紧密纺纱技术运转很稳定。Elite 紧密纺纱没有纺纱三角区，在纤维离开前罗拉钳口后立即受到加捻及凝聚控制，基本不散失纤维。紧密纺环锭纱由于受到负压气流及带孔皮圈的控制，比普通环锭纺纱断头减少40%～60%，使纺纱质量达到高水平。负压异形吸管紧紧地被带网孔的皮圈包覆，输出上罗拉(皮辊)紧压着带孔皮圈，带孔皮圈由输出皮辊驱动，形成对从前罗拉钳口输出的纤维须条的控制线。对应每个锭子，异形负压吸管上都有一个小槽(斜缝)，槽的上端接近前罗拉钳口线，而下端接近引出罗拉的控制，凝聚在带孔皮圈上，被输送到引出罗拉钳口线。异形吸管斜槽有一定倾斜度，使纤维在负压气流凝聚过程中在带孔皮圈上沿斜槽横向移动，造成纤维单向凝聚并使束纤维获得一定的捻度。吸槽的负压使纤维从前罗拉钳口到引出罗拉钳口时被凝聚得十分紧密，纺出的环锭纱质量优异。

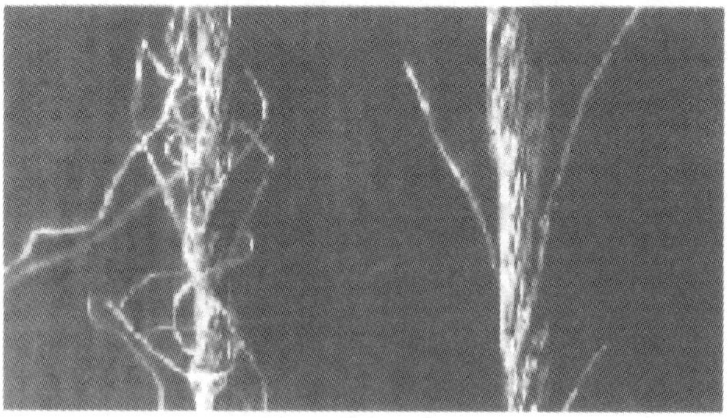

图3　普通环锭纱与紧密环锭纱外形的比较

(2) 德国绪森公司也在普通环锭细纱机上进行了改进，在前罗拉钳口线外加装了一套消除纺纱三角区的机构，有效控制引出纤维束的运动，从而纺出毛羽少、强力高、条干均匀的细纱。

但绪森公司Elite紧密纺纱机存在的一个问题是紧密纺部分应用前上皮辊传动引导皮辊，对两个皮辊直径的要求很严格，两者的线速度要保持1.06%左右的前导，这对于前皮辊及引导皮辊的管理及消耗要求很高，不是一般企业都能做得到的，由此制约了Elite紧密纺的发展。

3. 丰田(Toyota)EST紧密纺纱技术

(1) 日本丰田公司在绪森公司Elite紧密纺纱技术的基础上，将前上皮辊传动引导上皮辊改为下四罗拉积极传动的方式，叫EST紧密纺，而前上皮辊及引导上皮辊改为消极传动(如图4所示)。在两个罗拉积极传动并保持一定的前导速比条件下，对两个上皮辊的直径要求就不必严格考虑了，因此减少了纺纱厂一些管理上的麻烦及经济负担。

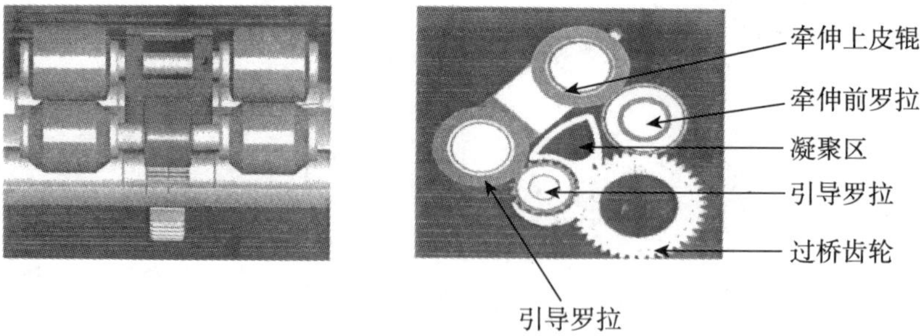

图4　日本丰田公司的紧密纺纱技术

目前我国除了少部分纺机企业完全按照绪森公司Elite的形式在国内改造环锭细纱机外，大部分纺机企业按照日本丰田公司EST紧密纺系统对我国的环锭细纱机进行改装，很受欢迎，销路大开。如我国常州同和纺织机械制造有限公司生产的紧密纺还根据我国的实际情况，在日本丰田EST紧密纺的基础上进行了改进，更加符合我国的国情，在国内外受到很大的欢迎。看来日本丰田EST紧密纺技术有较大发展潜力。

(2) 应用日本丰田EST紧密纺系统也存在一些重要问题，如加压问题，对引出罗拉几乎没有加压，使引出前导受到影响。应当将原三罗拉加压改为四罗拉加压(现在已有改进)，使引导罗拉的加压得到落实，以保证前导的精确性；再如，在 EST 紧密纺中，要改变前罗拉与引出罗拉的速比以适应一定的纺纱支数是很困难的，受到几何尺寸的限制。尽管如此，应用日本丰田公司 EST 紧密纺系统对我国的环锭细纱机进行改装，加快了我国紧密纺的发展。

4. 青泽(Zenser)紧密纺系统

青泽(Zenser)公司紧密纺在原理上基本与绪森公司 Elite 相似，不仅可纺精梳纯棉纱，也可加工其他产品。青泽紧密纺具有很好的产品适应性，它的凝聚网格圈为打孔的合成橡胶皮圈，可适纺所有的主要品种。

5. 丰田公司、绪森公司及青泽公司的紧密纺系统对生产车间的空气环境要求都很高，空调的设计要做到上送下吸基本平衡，机器本身的自我净化能力要强，才能使紧密纺生产达到好的效果。但青泽公司紧密纺纱系统的凝聚网格圈是打孔的合成橡胶皮圈，网孔太大，会影响制成率。

6. 罗卡斯(Rocos)紧密纺技术

(1) 一般紧密纺是在牵伸后的凝聚区形成紧密纱而不会形成纺纱三角区，而 Rotocraft 公司的罗卡斯紧密纺技术不需要这样，它没有负压吸棉等系统，是应用磁-机械原理实现生产紧密纱的，适于加工棉、棉与合成纤维的混纺纱及纯化纤纱，可纺粗支纱到细支纱。其结构主要由牵伸皮辊、引纱皮辊、磁性紧密器、皮辊连接支架及在后胶辊与中铁辊之间配有一个粗纱集棉定位器等组成(见图 5)。

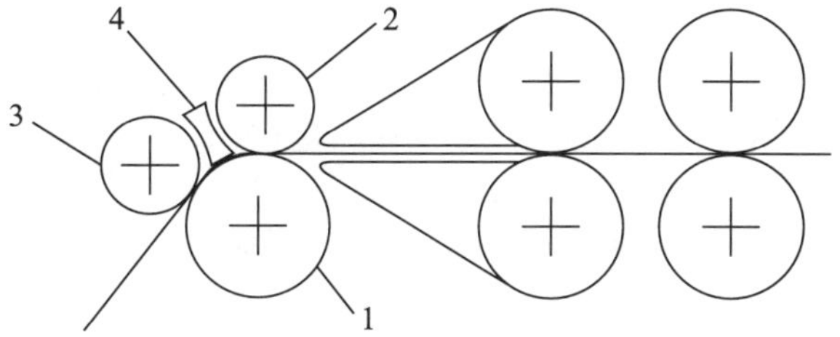

图 5　罗卡斯(Rocos)磁性紧密纺装置牵伸形式

(2) 罗卡斯(Rocos)磁性紧密器与下罗拉形成一个封闭的负压室，使纤维在平行、紧密的状态下加捻，使之无法形成三角区，确保纤维束的最佳集聚，从而达到减少毛羽的目的；同时纤维在纱线中的排列结构更加紧密，受力均匀，增加了纤维之间的抱合力，从而使纱线的强力得到提高。

(3) 在罗卡斯(Rocos)紧密纺系统中，没有负压气流、吸气管道、转笼或网格圈，也不需要任何额外的动力，应用罗卡斯紧密纺纱系统可将一般环锭细纱机改装成这种紧密纺纱机，仅用很少时间即可改装好，也不需要任何特别的技术与工具。因此机械式磁性紧密纺技术具有投资少、易改造、易维护、运行费用低、节能效果好等特点。

(4) 罗卡斯(Rocos)紧密纱对提高喷气织机效率有利，但经过印染后整理加工后，许多被缠绕在纱体上的毛羽又会露出来，影响织物风格。

五、紧密纺技术的优势

1. 紧密纺有许多优点，对产品的适应性好，不仅可生产纯棉精梳、普梳环锭纱，而且还可生产人造纤维环锭纱(普梳及精梳)。紧密纺环锭细纱机可生产普通环锭纺生产的各种支数的纱，发展紧密纺的关键是协调与改变原料与纺纱质量的关系，在保持同样纱线质量的前提下，可使用较低等级的原料，降低原料成本。

2. 减少纱线毛羽及改进强力性质是紧密纺的优点，这两个性质对于下游工序的生产是很重要的。紧密纺技术对于改进纱线毛羽及纱线强力性质很有潜力。

3. 紧密纺在纺纱时，由于没有三角区，产生飞花很少，比普通环锭纺少 70%～80%，使生产环境净化。

4. 由于紧密纺在凝聚过程中纤维须条由宽变窄，在成纱时比有三角区的普通环锭纱有更多的纤维承受纱线的抗拉张力，因此在同样的捻度下紧密纱的强力较高(见表 4)。在同样原料的条件下，保持相同的强力，紧密纺可相应减小纱的捻度，从而提高产量。

表 4 紧密环锭纱与普通环锭纱断裂强力比较

纱号(tex)	14.7		11.8		9.8		7.4	
	A	B	A	B	A	B	A	B
断裂强力(cN/tex)	100	110	100	105	100	108	100	110
断裂伸长(%)	100	115	100	110	100	108	100	100
强力不匀率(%)	100	96	100	90	100	93	100	94

注:A 为普通环锭纱;B 为紧密环锭纱

5. 在相同支数下,紧密纱的捻度可比普通环锭纱减小。这意味着纺同支纱可增加产量并降低消耗。

6. 在生产中可取消或减少烧毛,甚至还可以节约上浆浆料,减少成本。

7. 紧密纺纱可用于不同方面,可进一步扩大紧密纺纱对特种产品的开发及应用范围,如紧密赛罗纺、紧密纺包芯纱等。

8. 其他优点还有:紧密纺的织物在印染后布面比普通环锭纱的织物光泽,强力也提高,并且抗起球。

9. 紧密纺可以配用较少的价格昂贵的上等原料,以较低等级的原棉纺出优质纱,普通环锭精梳纱在同等质量条件下可用紧密纺普梳纱来替代。

10. 我国生产紧密纺专件系统的公司有东飞马佐里、无锡七纺机、华方科技、同和纺机、上海二纺机、建东、日发、松宝、德昌及经纬等纺机公司,大都是生产紧密纺专件改装环锭细纱机。

我国一些生产紧密纺系统的公司将产生负压气流的大风机改为分体式气箱,分别控制一部分纺纱锭子的凝聚负压量,达到使负压锭差小,产品锭差小的目的。

六、结语

从 2007 年慕尼黑 ITMA 上展出的环锭细纱机来看,大都是各种紧密纺纱机,紧密纺已经成为环锭细纱机的主要发展方向。由于紧密纺纱毛羽少(比普通环锭纱约减少 80%)、强力高(提高 5%～10%),条干 $CV\%$ 及纱疵均比普通环锭纱好,纺纱时断头率比普通环锭纱降低 30%～60%,同等强力下捻度相应减小约 20%,一方面增加了细纱产量,另方面可改善织物手感。在生产紧密环锭精梳纱时可减少精梳落棉 6%～12%,而不影响纱线质量。由于紧密环锭纱条干好、纱疵少、毛羽少、纤维在纱线中排列有序,因此可替代部分精梳纱。紧密环锭纺纱技术还具有许多比普通环锭纺纱技术好的优点,使这一技术在问世以来取得了较快的发展,相信随着市场需求的增加将会有更加快的发展,不久的将来紧密纺将占领环锭纺的市场。

参考文献

1. 秦贞俊. 现代棉纺纺纱新技术[M]. 上海:东华大学出版社,2008-7

2. 秦贞俊. 世界棉纺织前沿技术[M]. 北京:中国纺织出版社,2010-6

3. 秦贞俊. 环锭纺纱机技术的新发展[J]. 纺织导报,2000(4):16-17

4. 秦贞俊. 紧密纺环锭纱的纺纱技术[J]. 现代纺织技术,2002 (2):3-6

5. Survey. Staple yarn spinning [J]. Textile Asia. 2008(8):22-28

6. Leary R H. Short staple ring spinning [J]. Textile Asia. 1999(9):19-20

7. Stalder H. Ring spinning advance [J]. Textile Asia. 2000(3):43-45

8. Artzt P. Short-staple on the way to new yarn structure and better row material utilization [J]. Inter Text Bulletin, 1999(4):18-22

9. Ahmad. Future belongs to compact spinning [J]. The Indian Textile Journal 2008(8): 30-34

10. 上海 2010ITMA Asia、CITAME 及 2007 慕尼黑 ITMA 技术资料

11. 2007 慕尼黑 ITMA 及 2011 巴塞罗那 ITMA 技术资料

附 8：

棉纺环锭细纱机牵伸加压机构的讨论

秦贞俊

目前我国引进的牵伸加压机构有 SKF、R_2P、HP 及 INA-V 等，在消化吸收国外技术的基础上，自行设计或仿造的牵伸加压机构有：仿 SKF-PK225 的 YJ_2-142、仿 INA-V 的 QVX 型和参考 R_2P 及 INA-V 型的 R_2V 型等，各有特色及优点，现就有关问题进行讨论。

一、牵伸形式

环锭细纱机牵伸形式有两类：一类是三罗拉双区直线牵伸，另一类是三罗拉双区曲线牵伸。为了更好地控制纤维运动，在三罗拉双区牵伸中配有双皮圈结构，SKF、R_2P、INA-V 及国产 YJ_2、QVX、R_2V 都在前区配以上短下长的双皮圈，而 QVX 及 R_2V 的前区牵伸又有许多改进，使前中罗拉中心距及浮游区相应减小，德国 HP 牵伸机构的前区为双短皮圈式，配置新型金属下销，浮游区长度最短。

1. 前区牵伸配置要求达到"三小"，即前中罗拉中心距小，浮游区小及皮圈钳口隔距小。不论是双短皮圈还是长短皮圈及上、下销皮圈架的设计都力图达到"三小"要求。对 SKF、R_2P、INA-V 及 HP 四种国外牵伸形式进行对比（见表 1），HP 的中心距最小，为 14.4 mm。

表 1　国外四种牵伸形式的对比

牵伸形式	SKF	R_2P	IVA-V	HP
最近线测量距离(mm)	14.62	13.6	14.2	12.6
中心钳口距(mm)	16.41	15.5	15.8	14.4

2. 后区牵伸形式有两种，SKF、R_2P 及国产 YJ_2 系列的后区牵伸属于三罗拉双区直线牵伸，所不同的是有的牵伸罗拉中心距较长，如 R_2P 牵伸区后罗拉中心距长；而 INA-V、QVX 及 R_2V 的牵伸属于三罗拉双区曲线牵伸，上后罗拉抬高 25～28°，使后罗拉握持点前移，缩短中后罗拉中心距，从而形成好的摩擦力界，曲线牵伸是改善后区牵伸对纤维控制的技术措施。

3. 牵伸过程中工艺配置的目的是通过前区达到"三小"（小钳口中心距、小浮游区、小皮圈钳口）要求，来有效控制主牵伸区快速纤维的移动，改善条干、纱疵、粗细节、棉结，提高纺纱质量。后区要为前区主牵伸提供优良的须条结构，创造良好的牵伸条件。三罗拉双皮圈双区曲线牵伸的后区，摩擦力界比直线式好，使须条受到良好控制，适纺较高纱支。

4. 我国在 SKF 或 YJ_2-142 弹簧摇架加压及 R_2P 直线双区双皮圈牵伸机构中，后区实行"二大二小"针织纱工艺原则（即后区中心钳口距大、粗纱捻系数大，后区牵伸小及粗纱小牵伸），以对前区主牵伸提供优质须条。随着市场对机织物外观要求的日益提高，"二大二小"工艺不再是针织纱的专门工艺，已普通用于生产各类针织、机织纱。

5. 为了加强对主牵伸区快速纤维的控制，在中前罗拉之间应配备良好的皮圈控制系统。目前应用的有双短皮圈式及长短皮圈式，SKF、R_2P、INA-V 型都是长短皮圈式，HP 是双短皮圈式。上下皮圈中，下皮圈内层要具有良好的摩擦系数，以便中罗拉能准确传动皮圈，做到线速度准确；下皮圈与前下销之间要求灵活滑动，为此下销已改为涂四氟已烯涂层，改进了与下皮圈之间的滑动。

在长短皮圈系统中，下皮圈配有张力装置，因此下长皮圈运动比较准确。在双短皮圈中，对下短皮圈的制造及下销等尺寸精度要求较高，皮圈厚度要均匀，具备适当的硬度及弹性。国内外皮圈内层已有花纹式，既要做到与中罗拉传动准确，摩擦系数高，又要做到与前下销配合精确、滑动好。

6. 立达公司生产的 P3-1 气动加压是三罗拉双区长短皮圈形式，上下皮圈配置为非对称式，进一步缩小了浮游区长度，加强了对纤维的控制。

7. 国内外在牵伸系统中都已应用软弹不处理皮辊，我国规定皮辊硬度邵氏 65°以下为软弹胶辊，前上皮辊要求较高，要耐磨，弹性好，具有静电消除功能，软弹皮辊的应用使加压后皮辊与罗拉表面形成面接触，使握持钳口位移，缩小浮游区距离，改善了纺纱质量。

瑞士 MA66T、美国 ME666、MB670 等皮辊性能好，纺纱适应性强，抗静电性能好，尤其耐磨。我国生产的胶辊某些性能也达到了国外先进水平，但耐磨性差，使用寿命短，与国外相比较，差距较大。国外好的胶辊使用寿命比国内长 2～3 年，三年回磨一次，而国内至少一年回磨一次。

二、加压类型

国内外短纤维环锭细纱机的加压机构有弹簧摇架加压和气动摇架加压两大类。弹簧摇架加压又分为圈簧加压及板簧加压两种，因此短纤维环锭细纱机加压可分为气动摇架加压、圈簧摇架加压及板簧摇架加压三种。对各种摇架加压总的要求是，通过加压技术的实施，实现对纤维运动重加压、强控制。加压装置使各罗拉钳口的纤维有足够稳定的握持及牵伸能力，形成合理的摩擦力界，实现压力稳定，增加对纤维运动的控制。

1. SKF 圈簧摇架加压

SKF 圈簧摇架加压是德国纺机公司于 20 世纪 50 年代推出的加压形式，经过半个多世纪不断的改进，使加压机构不断完善，是世界上应用面最广，应用时间最长的加压系统。圈簧加压元件(PK220 系列)，上销为 OH 式，已由铁板改为工程塑料动片式上销；下销为 T 型阶梯销，上下销之间形成摆动钳口，总牵伸 20～60 倍。

我国 FA 系列 YJ_2-142 系列摇架基本上与 SKF 相同，加压重而稳，牵伸也达到 20～60 倍，前罗拉加压值为 10、14、18 daN/双锭可调节，中罗拉为 10 或 14 daN/双锭，后罗拉为 14、18 daN/双锭固定式。

金属材料受力后会变形，有弹性变形、缓弹性变形及永久性变形(塑性变形)三类。圈簧式加压的弹性变形持久性有多长而不产生塑性变形或缓弹性变形是 SKF 加压摇架性能的关键。据国外报道，圈簧式摇架连续使用四年后，细纱条干 *CV* 值上升 1%，粗细节纱疵增加 20%，说明圈簧摇架加压的持久稳定性还存在一定问题，圈簧弹性变形随时间增加而产生衰退，形成缓弹性变形或永久性变形。

SKF 圈簧摇架加压机构存在的另一个问题在国内反映较为普遍，主要是三个罗拉加压钳口的平行度不能很好保证。由于采用自调平行的原理，前后上皮辊及上皮圈不稳定，以摇架支撑点发生前后摆动，使一组摇架上相邻两个加压在前中后三个钳口线不能始终保持平行，因此造成三个罗拉的钳口隔距大小发生变化，使牵伸工艺不能真正到位，纺纱质量达不到应有的水平。这种现象不仅在细纱，而且在粗纱、并条工序的摇架加压中也存在，SKF 摇架的自调平行作用在实践中并不理想，带来一些负面作用，这是它的重要缺陷。

2. HP 板簧摇架加压

HP 板簧加压摇架是德国绪森公司于 20 世纪 80 年代推出的新型加压摇架，在三罗拉双短皮圈双区牵伸中，双短皮圈可使钳口充分前移，缩短了浮游区距离，是所有牵伸加压系统中浮游区距离最小的一种。绪森 HP-A-320 型板簧摇架加压机构的制造精度比 SKF 改进了许多，坚实的板簧为加压元件，横截面大、坚固耐用。据测试，在达到同样压力条件下，板簧的弹性变形仅是圈簧弹性变形的 8.7%左右。

HP-A-320 板簧摇架分别对前、中、后罗拉施以三个板簧加压，用螺栓固定在摇架槽内，可在加压状态下调整上罗拉中心距，简便准确。板簧与皮辊握持爪匝的顶面固定联接在定位匝上，装有上胶辊定位弹簧，三者联为一体，握持爪中心线与上罗拉中心线相吻合平行。在握持爪定位后再进行研磨加工，精度高，保证在加压状态下稳定可靠。皮辊加工精度高，皮辊芯子与摇架握持爪匝的宽度比 SKF 宽 3 mm，上皮辊与下罗拉平行度以加工精度来保证，因此 HP 三个钳口握持平行度是几种摇架压中最好的。

国内一些棉纺企业应用 HP 摇架的体会是：纺纱质量好，机构简便，易于管理维护，加压精确。目前国内一些新型粗纱机上已开始使用HP摇架。综上所述，HP板簧加压摇架具有很好的发展潜力。HP前、中、后罗拉加压为16/12 dan/双锭，二档选用；后区为14 dan/双锭。

我国常州同和纺织机械制造有限公司参考德国绪森公司的HP板簧加压摇架，并吸收了国内圈簧加压的应用经验，最早生产了国产的板簧加压摇架。由于加工精度高，选用的材质好，性价比优于德国HP板簧加压摇架，因此一出厂就深受广大用户的欢迎，呈现出供不应求的大好销售局面，发展势头很好。

3. 气动加压

国内外在20世纪80年代后期已在短纤维环锭纺纱机上推广应用气动加压摇架。气动加压摇架性能优于弹簧摇架，主要表现在：压力稳定，基本上无锭差；压力不因时间延长而波动和衰退；具有重加压、强控制的优点，加压力大小可在机器运转中整机无级调压，操作简便；细纱机停车时可做到半释压或全释压，半释压状态下不影响纤维须条的分布状态，因此开车时不会产生细节及断头。有的气动加压系统还配有欠压和过压自动控制系统，气动加压摇架能较好地保证胶辊与罗拉之间及三个握持线的平行；易于清洁及维护，适应机器高速运行。

① INA-V型牵伸加压机构由德国制造，属三罗拉长短皮圈双区牵伸，后区为曲线牵伸，气动加压的压力可微调。后罗拉加压18 daN，基本上与前罗拉相同，用重加压达到稳定的钳口，加强控制，防止纱条在后钳口滑移而导致成纱不匀。INA-V型牵伸因曲线包围弧产生附加摩擦力界对后区纤维的积极控制，可提高细纱牵伸倍数30%～50%，产品质量好。

② R_2P摇架加压值为18×14×18 daN/双锭无级调压，压力大而稳定，无压力衰退，锭差小，设有单独气源控制箱，并与电源开关相连，集体加压、卸压操作方便，有过压、欠压保护，停车可全释压或半释压，使须条无滑移，开车断头少，也不会产生纱疵。

R_2P牵伸工艺采用针织“二大二小”工艺，此工艺是基于重加压、强控制条件下进行的，目前所谓针织纱工艺已在机织纱上应用，R_2P已不限于纺针织纱。

③ 瑞士新型高速细纱机上采用的P3-1气动加压臂及新型皮圈架都是最新技术，可对各加压点实施精确的压力分布，保证罗拉对纤维更好地控制握持，保证加压稳定性。P3-1加压装置还缩短了浮游区，减少了主牵伸区无控制区的距离。P3-1加压臂及皮圈架的改进，即使将纺纱牵伸倍数提高到60倍以上，纺纱质量仍保持最佳值。

④ R_2V牵伸加压机构是我国在消化吸收R_2P及INA-V型牵伸加压技术基础上，研制开发的中国式三罗拉双区曲线牵伸气动加压形式，将前中罗拉中心距由43 mm改为41.5 mm，后区采用V型曲线牵伸。R_2V的主要特点是：前区前中罗拉之间的浮游区缩小到12.6 mm，比R_2P还小2.5 mm。采用后区曲线牵伸，对喂入纱条控制好。气动加压压力稳定、锭差小，压力无衰退。适纺中、细支纱，牵伸效果好，纺纱质量高。

⑤ 气动加压是比较理想的加压方式，最大特点是压力持久不变，不会衰退，目前国内外都有应用，尤其瑞士产各类环锭细纱机大都采用气动加压。如瑞士新生产的K44型紧密纺环锭细纱机都采用气动加压。

⑥ 气动加压唯一不足是：要在环锭细纱机上增加许多气动加压附属机构，如气源、贮气配气箱、气路等。另外，一台细纱机总气量及气压的设计是恒定的，不因个别锭子停纺而改变气量及气压，因此，如果发生一对摇架或多对摇架停纺，就会引起气压气量的重新分配，或多或少会引起每对锭子摇架的气压量及压力波动。

三、结语与展望

综上所述，牵伸形式及加压类型的特点，三罗拉双区牵伸中双短皮圈及长短皮圈形式各有特点，关键问题是如何经过牵伸部件的组合达到前区的“三小”工艺要求，即小浮游区、小罗拉钳口中心距及小皮圈钳口隔距，使牵伸部分的摩擦力界能更好地控制纤维的运动。前中罗拉中心距已实现41.5 mm，应用软弹皮辊后钳口线前移，使中心距进一步缩小，目前HP摇架的浮游区距离最小。我国研制生产的R_2V摇架的浮游区中心距也达到12.6 mm，基本上与HP相近。后区工艺采用V型曲线牵伸会形成好的摩擦力界，为前区主牵伸准备好的须条。另外，充分利用粗纱捻系数、粗纱牵伸、细纱后区牵伸及后区隔距等相关工艺，也是纺好纱的工艺研究方向。“二大二小”后区工艺，不仅适于针织纱加工，也适于当今对织物质量要求高的机织纱的要求。

对于牵伸机构相关的器材元件，尤其应当重视发展与改进，努力提高胶辊、胶圈、上下销、皮圈架等的产品质量，是纺好纱的关键。

目前采用的三罗拉双区双皮圈直线牵伸及三罗拉双区双皮圈曲线牵伸各有长处，重要的是继续努力缩小前区浮游区，加强对浮游纤维的控制，在缩小浮游区，减小前中罗拉中心距，减小皮圈隔距等方面继续研究与提高，后区工艺对直线牵伸及曲线牵伸都必须继续研究改进。新型粗纱机的四罗拉三区双短皮圈牵伸形式的集束不牵伸、牵伸不集束的理论应用效果很好，值得推广到细纱机牵伸上，对进一步提高纺纱质量，减少毛羽将起到一定的积极作用。

我国目前广泛应用的 SKF 圈簧加压设计成有自调平行作用的加压摇架，经过半个多世纪的应用，尽管 SKF 加压摇架具有重加压、强控制等优点，而且经过了 50 多年的改进与提高，但企业在实践中总感到三个罗拉钳口握持线始终不能达到真正的平行，而且圈簧加压的弹性压力会因时间延长而衰退。因此，尽管 SKF 圈簧摇架加压形式具有许多优点，但与 HP 板簧加压及气动加压相比仍有一定差距，尤其在三个钳口线的平行上，比 HP 板簧加压差得多。

HP 板簧加压摇架是 20 世纪 80 年代的新型加压形式，板簧材质比较好，因此板簧加压形式具有弹性持久、钳口线平行度好、加压系统简单易调等优点，表明 HP 板簧加压形式具有很好的发展潜力。德国绪森公司在推广紧密纺技术时特别强调应用板簧加压，以保证紧密纱产品质量的稳定与提高。从我国常州同和纺织机械制造有限公司生产的国产板簧加压机构来看，这种板簧加压摇架在国内外都具有很大的发展前途。

气动加压是 20 世纪 80 年代末推出的一项新型加压方式，比弹簧加压优异得多，尤其瑞士立达公司生产的各类型号的环锭细纱机大都采用气动加压，德国 INA-V 型牵伸加压系统也采用气动加压。我国在 20 世纪后期除了引进一些气动加压环锭纺纱机外，还仿造 INA-V 型牵伸加压系统，生产了 QVX，一些环锭细纱机也采用气动加压形式。20 世纪末我国还借鉴 R_2P 及 INA-V 型牵伸加压技术，研制开发了具有国际先进水平的气动加压牵伸加压形式 R_2V，用于环锭细纱机比较成功。

今后我国环锭细纱机牵伸加压技术可参考国内外的成功技术，重点发展 HP 板簧加压牵伸加压技术，SKF 牵伸加压系统的加压技术要加快改进。此外，要注意适当发展气动加压技术，气动加压系统较弹簧加压复杂得多，虽然加压精度高，但投资费用也高，要量力而行。

参考文献

1. Wedimir Kurkow：A new system for ring spinning [J]. Text Buletin，2001(6)：51
2. Kih Leary. Short staple ring spinning [J]. Text Asia，1999(9) ：19
3. Peter Artzt. Short-staple on the way to new yarn structure and better row material utilzatron [J]. Text Bulletin，1999(4)：18
4. 秦贞俊. 瑞士 Hi-Per-spin 环锭细纱机[J]. 安徽棉纺织通讯
5. 秦贞俊. 现代棉纺纺纱新技术[M]. 上海：东华大学出版社，2008-7
6. 秦贞俊. 世界棉纺织前沿技术[M]. 北京. 中国纺织出版社. 2010-6
7. 秦贞俊. 世界棉纺织工业的技术进步[C]. 第二届国际棉纺织技术研讨会论文集
8. 秦贞俊. 环锭细纱机的发展[J]. 国外纺织技术，2002(6)：8
9. 2007 慕尼黑 ITMA 技术资料
10. 上海 2010ITMA Asia、CITAME 技术资料

附 9：

梳棉机新型金属针布

秦贞俊

一、驼峰形锡林针布

骆驼牌锡林针布的驼峰外形的设计（见图 1），它与一般的金属针布的外形设计不同，在锡林针布表面会形成气流，具有明显的积极作用，使纤维能保持在锡林针布表面并阻止纤维滑向针布底部，从而提高了对纤维的梳理作用及向道夫的转移效果。

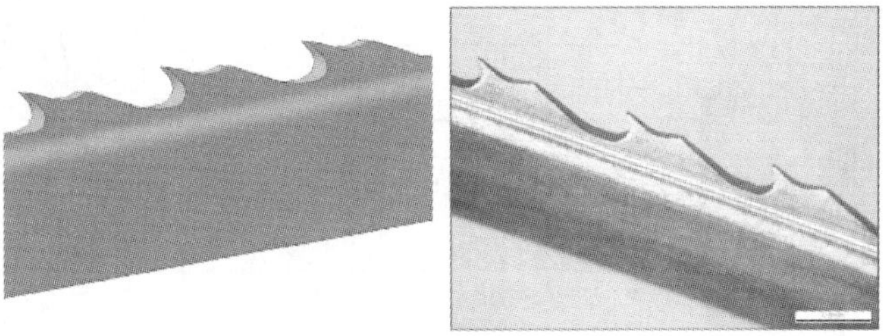

图 1　骆驼形金属锡林针布

由于驼峰外形锡林针布特殊的齿形，使在锡林表面的纤维很容易从锡林转移到道夫，且回移的纤维比普通针布少，因此损伤的纤维少，在精梳机上排除的废物也相应减少。成品（织物）上白点的减少证明了精梳纱上的棉结减少，也证明了梳棉机应用这种新型针布的积极作用。新型针布可以把不成熟纤维、死纤维及结杂排除，并较少损伤纤维，因此减少了短绒。驼峰针布的外形可以在线进行磨针，这是格拉夫-立达公司已应用的在线磨针技术在骆驼针布上的应用。

表 1 为驼峰形金属针布的型号特征及纺纱品种。从表中可看出，不同的纱线产品配用不同的锡林针布，新型驼峰形金属针布适用于各种梳棉机，是梳棉机针布的发展。这种金属针布的应用提高了纱线及最终产品的质量，不论是普梳纱还是精梳纱，其质量都得到了改进与提高。由于新型针布具有特殊的齿形，因此它具有许多优点，从以下日常纺纱生产的试验数据中可看出新型驼峰形梳棉机锡林金属针布的优点。如纯棉 8.97 tex（65 英支）、19.43 tex（30 英支）精梳纱性能试验，在梳棉机产量、细纱机纺纱速度等都保持不变的条件下，测试结果见图 2。从图 2(a)中可看出，8.97 tex（65 英支）精梳纱的棉结数量显著减少，图 2(b)中可看出 19.43（30 英支）精梳纱的棉结数量也显著减少。

表 1　驼峰针布型号特征及纺纱品种

针布型号	密度（针/英寸^2）	针布高（mm）	工作角（°）	基部宽度（mm）	纺纱品种
P-2025CX0,5	773	2.0	25	0.5	化纤，混纺
P-2025CX0,6	644	2.0	25	0.6	化纤，混纺
P-2030CX0,4	966	2.0	30	0.4	纯棉
P-2035CX0,4	966	2.0	35	0.4	纯棉

续表

针布型号	密度(针/英寸^2)	针布高(mm)	工作角(°)	基部宽度(mm)	纺纱品种
P-2040CX0,4	966	2.0	40	0.4	纯棉
P-2040CX0,5	773	2.0	40	0.5	纯棉
P-2040CX0,6	644	2.0	40	0.6	纯棉
P-2030CX0,5	866	2.0	30	0.5	纯棉
P-2520CX0,6	722	2.5	20	0.6	化纤,混纺
P-2530CX0,6	866	2.0	30	0.5	纯棉

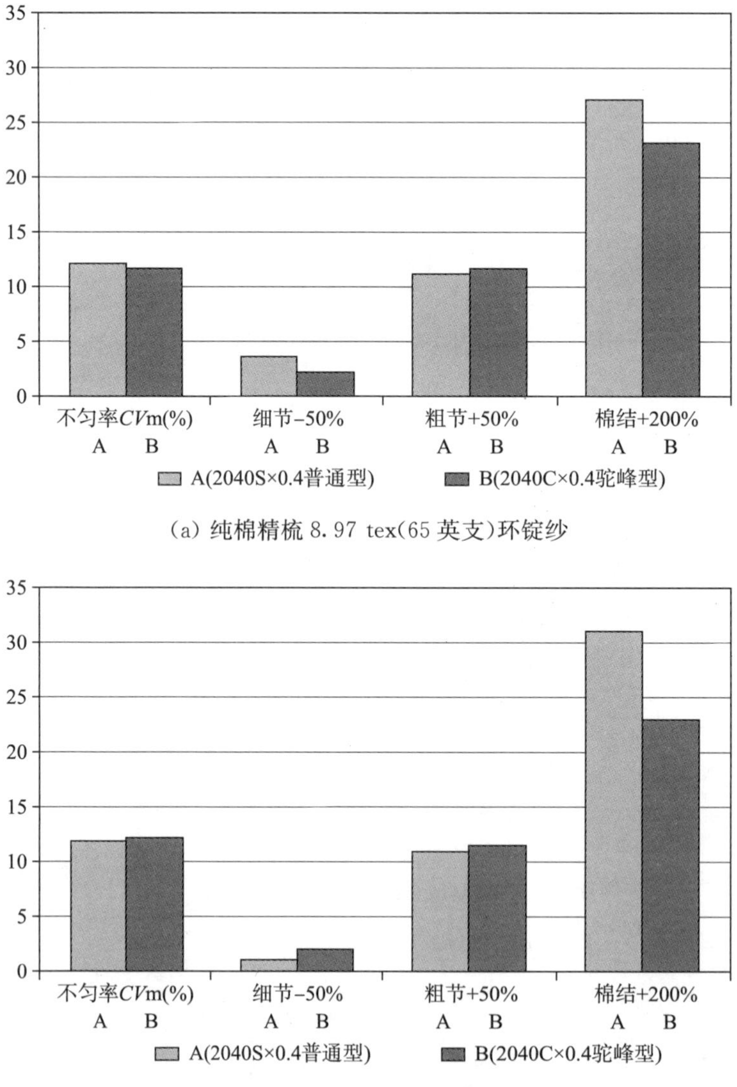

(a) 纯棉精梳 8.97 tex(65 英支)环锭纱

(b) 纯棉精梳 19.43 tex(30 英支)环锭纱

图 2 两种梳棉机锡林金属针布纺纱质量比较

以上试验不是在试验室里进行的,而是在车间连续生产线上进行的,许多工艺条件保持不变。

第一个例子是纯棉 8.97 tex(65 英支)精梳纱,纺纱结果见图 2(a),从图中可看出在同样的梳棉机产量及同样的细纱锭速下试验的纱线中的棉结显著减少。第二个例子是纯棉 19.43 tex(30 英支)精梳纱，试验的工艺条件都不变。从试验结果看：不匀率 *CV*m%、粗细节等均无显著的变化，而采用驼峰型针布棉结疵点明显比普通针布减少，见图 2(b)。此外驼峰针布的明显的优点是，不论针布使用的时间长短，产品质量保持稳定。

二、驼峰型刺辊针布

驼峰型针布还可应用于刺辊上，其优点是可改善刺辊与锡林之间的纤维转移；同时，由于纤维及杂质都保持在刺辊锯齿针布表面，从而可以使刺辊排除杂质的数量增加，这样使不成熟纤维、死纤维排除发生在梳棉机的早期阶段——喂入部分。如果这类不成熟或死纤维不及早被排出，会在后工序(针织或机织)产生负面作用，使织物出现棉结或横档疵点。驼峰型刺辊针布规格见表 2，图 3 为驼峰型刺辊针布外形。

表 2　驼峰型刺辊针布规格表

刺辊针布	密度(针/英寸^2)	针布高(mm)	工作角(°)	基部宽度(mm)	纺纱品种
V. E-5010VC-8	41	5.0	10	8 头/英寸针布结合	纯绵，混纺
V. E-5010VC-12	61	5.0	10	12 头/英寸针布结合	纯绵，混纺

注：1、纺纱种类：纯棉、混纺 2、基部宽度：8 头、12 头针布结合

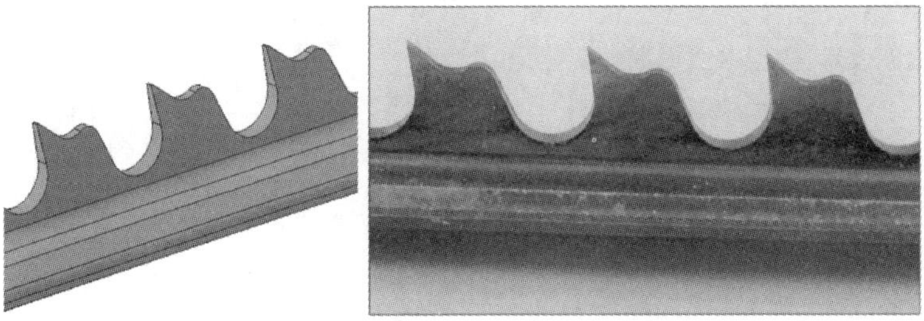

图 3　驼峰型刺辊针布外形

根据在纺纱厂的不同应用结果，可以看出驼峰型金属刺辊针布会产生很少量的纤维的废品，但却提高了生条及纱线质量。

三、结语

驼峰型锡林及刺辊金属针布的应用可使纤维在梳棉机上梳理时受到很好的加工，使下游产品的棉结显著地减少。在梳理过程中，纤维受到柔和处理，并且去除了不成熟纤维及死纤维，从而进一步提高了产品质量。实践表明：这种驼峰型锡林及刺辊金属针布具有很好的加工效果与发展的前景。

参考文献

1. Felix Hasler, Graf + CieAG. Experience with? Camel'-type metallic card clothings[J]. SPINNOVATION, 2001(8): 12-14.
2. 秦贞俊. 现代棉纺纺纱新技术[M]. 上海：东华大学出版社，2008.
3. 秦贞俊. 世界棉纺织前沿技术[M]. 北京：中国纺织出版社，2010.
4. 上海 2008ITMA Asia and CITAME 技术资料
5. 上海 2010ITMA Asia and CITAME 技术资料
6. 2007 慕尼黑 ITMA 技术资料

附 10：

SUESSEN 公司牵伸前上罗拉(皮辊)的新改进

秦贞俊

牵伸系统设置的好坏是影响纺纱质量的重要因素。纺纱加工时，应根据纤维的长度及细度对罗拉钳口的握持距离及压力进行调整，这与机械调节工作人员的经验及水平有关。以往罗拉钳口的握持距离及压力的调整是由机械制造者根据原棉的性质设定基本值，在生产中可根据实际情况进行调整。

压力的选择主要考虑纺纱质量及纺纱性能的稳定性，可以通过优化细纱机的工艺参数加以设置，但如果纱支变化较频繁时就无法保证优化效果及提高纺纱质量。对于工艺参数的选择往往受调节人员的经验及主观感觉的影响。

对于纺纱元件摩擦情况的研究涉及到很广泛的范围，但对于纺纱厂来说可接受的元件摩擦范围是有一定限度的，常以摩擦周期表示，这个摩擦周期的变化是很大的。

一些纺织厂对于皮辊的磨损规定了磨厉周期，以保障稳定纺纱质量及纺纱运转性能。对皮辊的磨研主要是解决皮辊的圆整度及表面光洁度，这就需要磨研的技术工人具有一定的经验，特别是对软皮辊表面的光洁度更要多加注意。

一、前上罗拉摩擦的分析

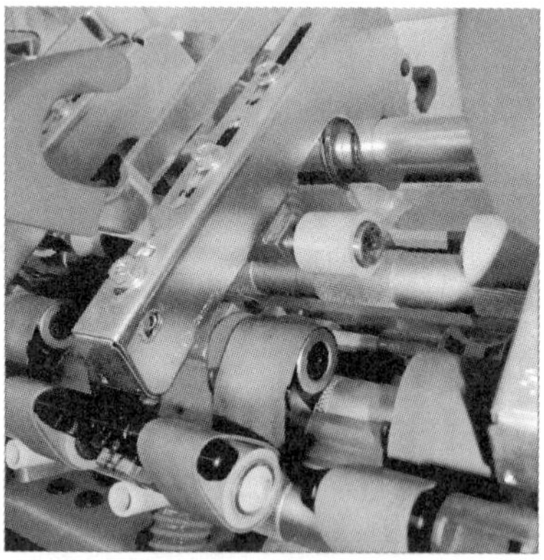

图 1　细纱机新型牵伸机构元件图

由图 2 的牵伸区横截面上看到，上下罗拉对纤维束形成握持而且靠得很近，上罗拉加压后会产生变形而形成对纤维握持区，这里受到摩擦力及压力的作用。受压后，上罗拉在握持区会产生变形，因此在握持区的上罗拉直径缩小。实际上会出现下列现象：图 2 中可看出上下罗拉之间并不存在一条握持线，而是包括有 A、B、C 在内的握持区；从图 2 中还可看出 C 点的上罗拉(皮辊)直径变形要比握持线的两侧(A、B)大，因此在同样的下罗拉转速下，A、B 两点的表面速度要比 C 点的表面速度大一些。

如图 3 所示，将上罗拉(皮辊)通过一个张力机构包覆一个非弹性皮圈，形成与下罗拉之间对纤维的握持区，虽然上罗拉(皮辊)变形依然存在，但非弹性皮圈可以减小上罗拉(皮辊)的摩擦，从而使皮圈能与 A、B、C 三点的速度基本保持一致。这称为 SUSSEN 公司的 CPS 式上罗拉牵伸机构(C 点的加压系统)。采用 SUSSEN

公司的CPS机构,基本上可以消除或避免上罗拉(皮辊)的这种摩擦。这种CPS机构使皮圈内表面与上罗拉(皮辊)表面不存在速度的差异,因此上罗拉(皮辊)表面不会被磨损。由于CPS皮圈和原上下罗拉对纤维的握持与控制作用好,因此纺纱质量可保持很好的水平,并且皮辊磨研周期可延长至18个月或更长时间。这说明上罗拉(皮辊)的磨损很少或基本消除。

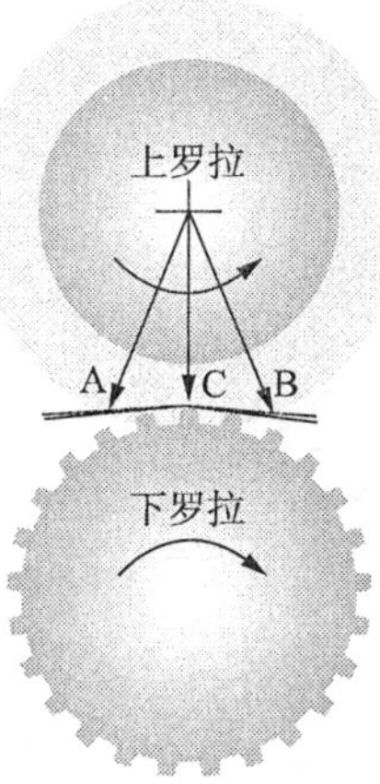

图2　细纱机牵伸握持区的横截面图

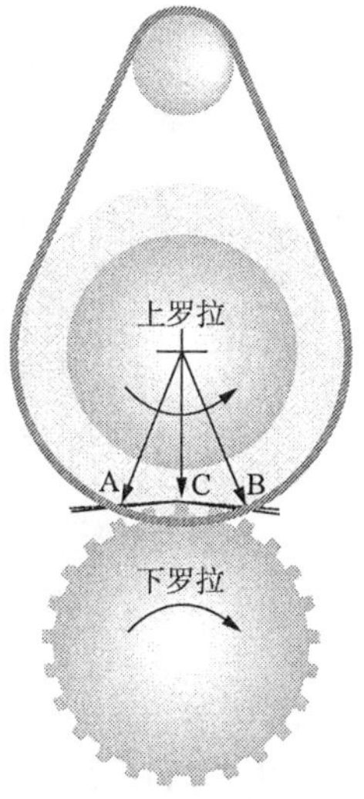

图3　上罗拉(皮辊)带有皮圈的握持区的横截面图

二、采用SUSSEN公司的CPS皮圈对牵伸倍数没有影响

一般不用SUSSEN公司CPS皮圈的皮辊直径为29～30 mm之间,采用CPS皮圈后,由于CPS皮圈的厚度为1.4 mm,皮辊直径减少至27 mm,因此表面的几何尺寸没变。采用CPS皮圈时的相关几何尺寸与不用CPS皮圈时的几何尺寸一样,保证了牵伸倍数不变,因此不必考虑调整牵伸倍数的问题。由于采用CPS皮圈使皮辊的磨损大大减少,因此在应用软皮辊时不会改变磨研周期。

三、上罗拉(皮辊)的节能效果

1. 从图4可看出,握持区的宽度表明,上罗拉采用软皮辊时可减小皮辊的压力,从而可减少能耗;或在同样的能耗下可增加牵伸区的压力,以达到对纤维的良好控制。

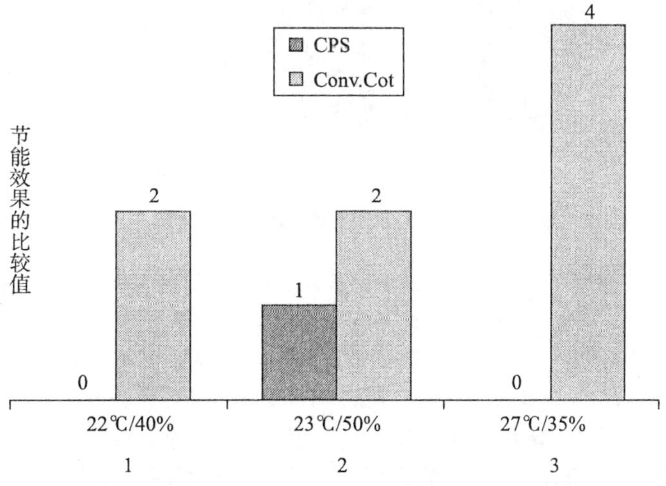

图4　采用CPS皮圈与不用CPS皮圈的普通上皮辊的节能效果对比

(图中22℃/40%表示试验时的温度是22℃相对湿度为40%)

2. 从图 5 为采用 SUSSEN 公司的 CPS 皮圈与不用 CPS 皮圈的普通皮辊加工的纱线毛羽的对比，可看出采用 CPS 皮圈的纱线毛羽要比不用 CPS 皮圈的纱线毛羽少。

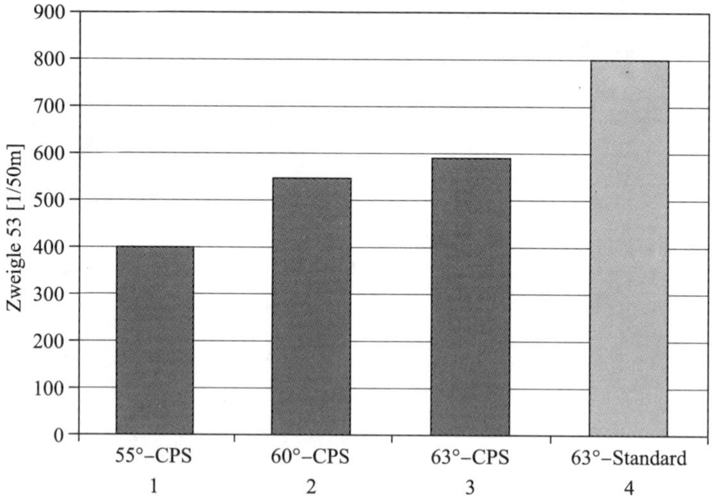

图 5　采用 CPS 皮圈与不用 CPS 皮圈的普通皮辊加工的纱线毛羽对比

（图中 1、2、3 为采用 CPS 皮圈的纱线毛羽，4 为不用 CPS 皮圈的纱线毛羽）

四、研磨问题

1. 在加工人造纤维时，对外界的气象条件及皮辊的研磨控制要求都较高，但采用了 CPS 皮圈后可减少对皮辊的研磨。图 6 为在同一气象条件下对纺纱质量 *CV* 值的影响。

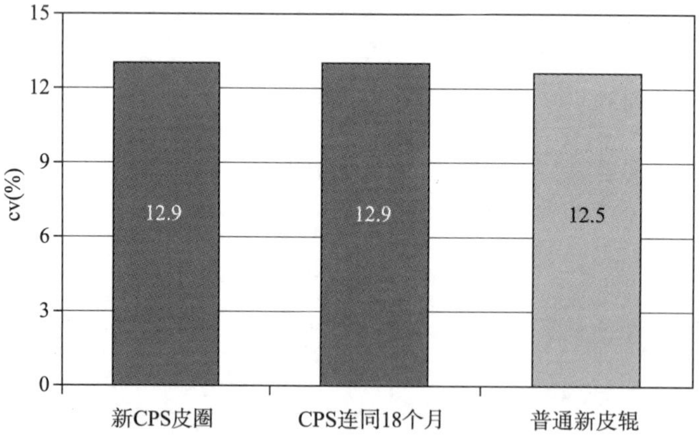

图 6　在同一气象条件下研磨时间对纺纱质量 USTER*CV*%影响的对比

2. 实验表明，在加工人造纤维时，不用 CPS 皮圈的普通皮辊在研磨后甚至无法纺纱；而采用 CPS 皮圈后，由于减少了研磨次数及消除了皮辊的损伤，纺纱性能好，可提高生产效率。

3. SUSSEN 公司 CPS 皮圈的使用寿命。工厂试验表明，在加工人造纤维时采用 CPS 皮圈的使用寿命大约为 14～18 个月。如图 6 所示，应用乌斯特条干仪对新 CPS 皮圈及用了 18 个月的 CPS 皮圈进行纺纱质量对比，很明显，采用 CPS 皮圈的纺纱质量好于不用 CPS 的普通牵伸系统。从图 6 中还可看出采用 CPS 皮圈后的新旧皮辊的纺纱条干变化不大，检查皮圈并无损坏(图 7)。采用 CPS 皮圈的最大优点是 CPS 皮圈不需要研磨，而保持恒定的纱线质量及纺纱断头率。此外，采用 CPS 皮圈的牵伸区几何尺寸及硬度都是恒定的，而普通皮辊的直径却因研磨而逐步减少，这样会使牵伸区的几何尺寸改变。

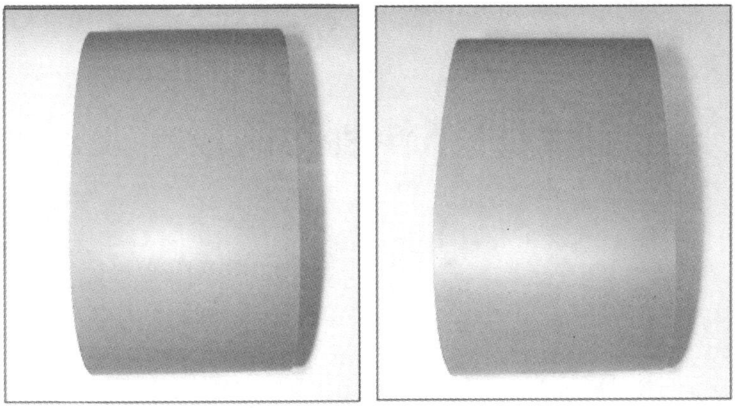

新 CPS 皮圈　　　　使用 18 个月后的 CPS 皮圈

图 7　CPS 皮圈在使用了 18 个月后与新 CPS 皮圈的外表面质量对比图

从图 7 中可看出，CPS 皮圈在使用了 18 个月后其外表面质量基本无变化，皮辊也没有出现磨损。

五、结语

采用 SUSSEN 公司的 CPS 皮圈可以改善环定细纱机牵伸部件上皮辊的维修与保养，避免或减少对上皮辊的研磨，而又能保证纺纱质量的长期稳定。不受研磨周期的影响，使工厂得到更大的经济效益。

这种 CPS 皮圈是有如下优点：

(1) 纺纱品种适应性好，可很好地加工人造纤维等；

(2) 车间温湿度对应用 CPS 皮圈纺纱几乎没有影响；

(3) 皮圈装上或取下都不会受到损伤；

(4) 不增加皮辊维修人员的工作量；

(5) 能长时间保持纺纱质量的稳定。

总之，采用 CPS 皮圈纺纱不会增加工厂的管理负担，相反会减少工厂的许多麻烦，提高工厂的纺纱质量及经济效益。

参考文献

1. VOLTER Jehle.

The Cot Protecting System (CPS)(Next Step Towards a Maintenance－free Drafting System) [J] SUESSEN spinnovation, 2011(8): 8-11.

2. 秦贞俊. 现代棉纺纺纱新技术[M]. 上海：东华大学出版社，2008.

3. 秦贞俊编著. 世界棉纺织前沿技术[M]. 北京中国纺织出版社，2010.

4. 棉纺手册(第三版)编委会. 棉纺手册：第三版[M]. 北京：中国纺织出版社，2004.

5. 巴塞罗纳 2011ITMA 及慕尼黑 2007ITMA 技术资料.

6. 上海 2010ITMA Asia and CITAME 技术资料.

附 11：

环锭细纱机牵伸机构的最新改进

秦贞俊

1. 牵伸系统前钳口

传统的细纱牵伸无控制区的解决方法是在皮圈钳口增加一根摩擦控制棒，这个方法早已被许多纺纱厂应用，如图 1 所示。

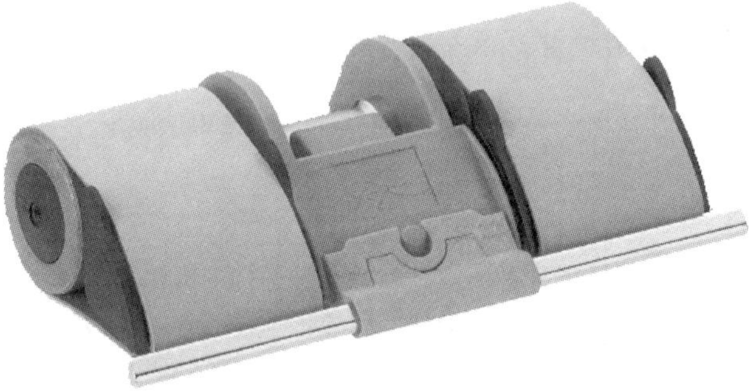

图 1　皮圈钳口增加一根摩擦力控制棒(摩擦棒)

摩擦棒与皮圈隔距块形成一体，它是由皮圈隔距块来控制皮圈钳口隔距的大小，称其为上销。有一根导棒附加在皮圈架的固定位置上，它沉浸在前区牵伸前上罗拉钳口与皮圈钳口的快速纤维束中，这根摩擦棒可改善快速区纤维的定向性并提高纺纱质量。但这根摩擦棒的高低位置是固定不变的，由于摩擦棒沉浸在纤维束中，使纤维牵伸运动产生困难，从而对纺纱质量及纺纱的稳定性带来不利的影响。因此对于皮圈隔距块及摩擦销棒的组合件在普通的销棒及隔距块应用时，往往会与纺纱质量及良好的运转状态之间有一定的矛盾。

图 2 为普通固定式隔距块与销棒组合件 PINspacer 及新型的隔距块与摩擦棒组合件 PINspacerNT.

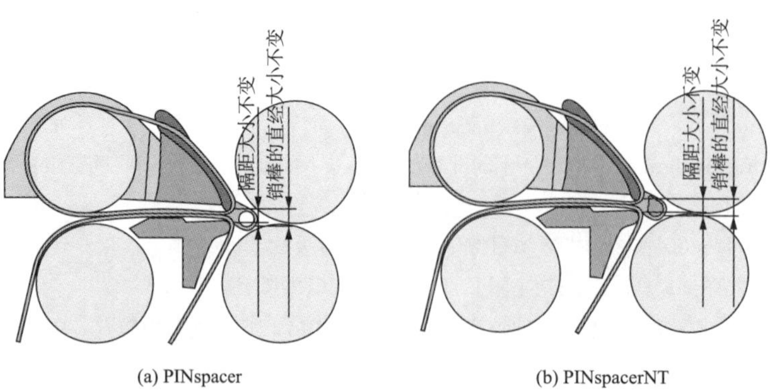

(a) PINspacer　　(b) PINspacerNT

图 2　普通固定式隔距块与销棒组合件及新型的隔距块与摩擦棒的组合件

2. 传统上销的改进

早先是将不带摩擦棒的普通上销改装为带有摩擦棒的上销 PINspacer。根据纤维束的粗细(单位重量)优选皮圈钳口的隔距并使摩擦棒沉入到纤维束中，同时要考虑有关因素，如纤维的长度、细度、原料及粗纱捻度等设计了 PINspacer 组合件，以提高纱线质量及纺纱运转稳定性，并改进纱线不匀率及纱线强力。但应用 PINspacer 组合件具有一定的负面作用，会影响纺纱的稳定性及质量的提高。沉入到纤维束中的深度设计是依据纤维性质的平均值，而不是可以调节的。而新研发的 PINspacerNT 组合件弥补了以上缺陷(见图 2(b)及图 3)，纺纱厂可根据纺纱支数及品种的需要选择摩擦棒的高低位置，以适应纺纱稳定性及质量的要求。为了确保纺纱的稳定性，可选择较小的沉入到纤维束中的深度；而为了进一步提高纱线质量，可选择较大的沉入到纤维束中的深度；最好将摩擦棒置于纤维的上面，既控制了纤维的运动，又不会产生阻碍纤维正常运动的负面作用。

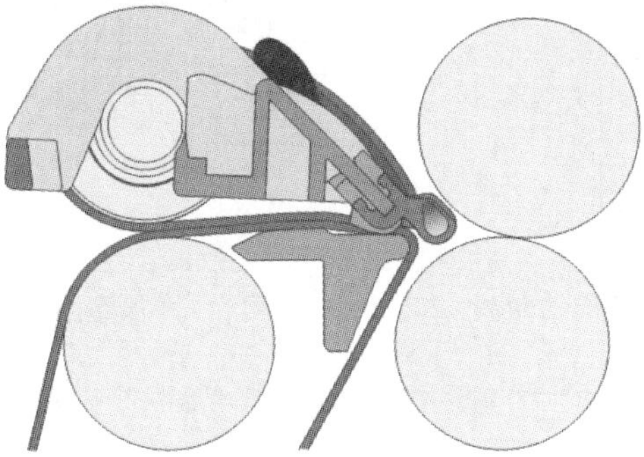

图 3　PINspacerNT 组合件的结构图

PINspacerNT 组合件比 PINspacer 普通组合件改进了许多，使纱线质量包括条干不匀率及纱疵都有改进，纱的强力也有提高。选用 PINspacerNT 组合件对于加工 29.16 tex(20 英支)或更细的纱的纯棉质量及运转特性是很理想的。

在一般的 PINspacer 组合件上，把销棒较深地沉入到纤维束中，在纤维束边缘的纤维会产生被阻止不动的现象，但选用 PINspacerNT 组合件(图 3)却能避免上述现象产生。

3. SUESSEN 对 PINspacerNT 组合件改进的要点

SUESSEN 对 PINspacerNT 的改进主要有两个方面：一是皮圈钳口大小的确定；另一个是合理安置摩擦棒的高低位置。SUESSEN 公司采用高精密注塑技术加工这些元件。

PINspacerNT 由两部分组成，见图 4。一是皮圈架隔距块，它用来控制皮圈钳口的大小，很精密；另一个是精密注塑件，用于固定摩擦棒。组合起来称为 PINspacerNT，通过它可调节摩擦棒沉入到纤维束中的深度。pisNET 有 5 个规格的插头件供选用，以调节摩擦棒沉入到纤维束中的深度，防止纤维从销棒上面通过，而使纤维全部从销棒下面安全通过。

PINspacerNT 可用于 SUESSEN 公司生产的所有皮圈架，该公司还并提供各种纺锭隔距块。

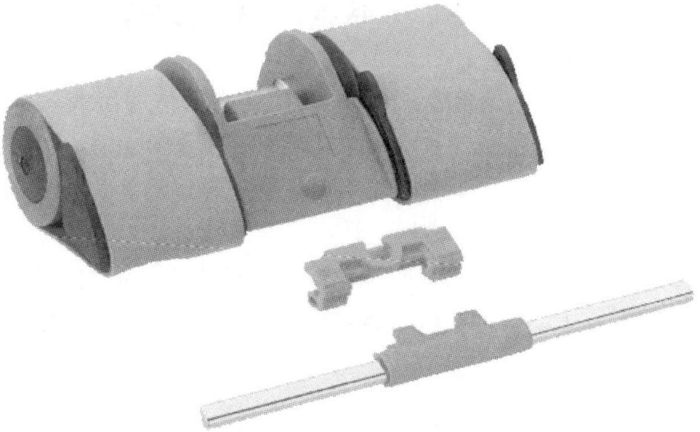

图 4　PINspacerNT 组合件元件

4. 摩擦棒位置的讨论

在细纱机前区快速纤维运动的浮游区设置摩擦棒是为了增加浮游区的摩擦力界，更好地控制快速纤维的运动，以改善成纱条干，减少纱疵，提高细纱强力，改进纺纱性能，如图 6 所示，如何正确地在浮游区设置摩擦棒、确定合理的摩擦棒位置，对于提高纺纱质量是很重要的。

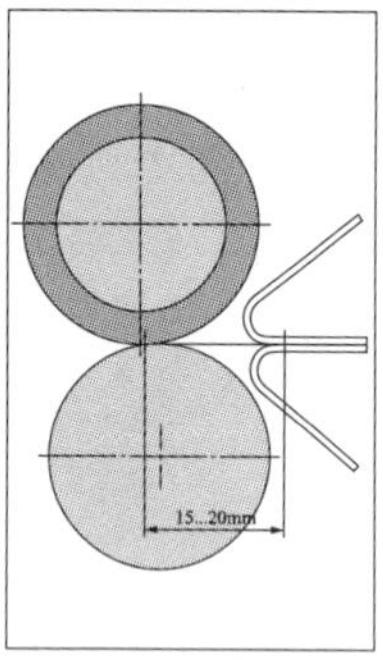

图 5　罗拉钳口与皮圈钳口间的距离

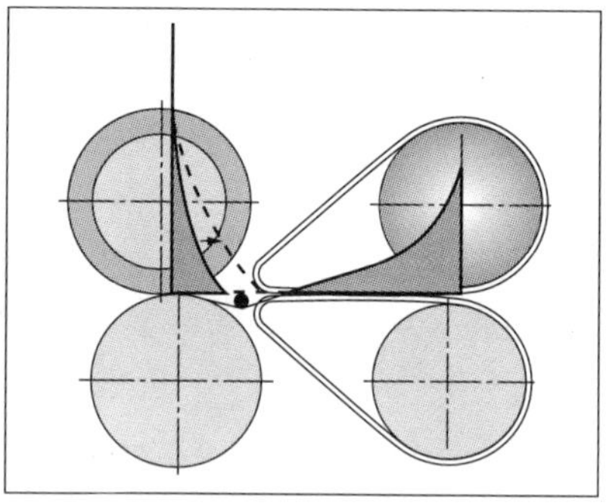

图 6　增加摩擦控制棒后的摩力界分布

在罗拉钳口与皮圈钳口间——牵伸浮游区设置摩擦棒要考虑两个因素：一是摩擦棒在浮游区的前后位置；另一个是摩擦棒在浮游区的高低位置。

(1) SUESSEN 公司为环锭细纱机牵伸系统提供了最新的 ACP 质量控制组合件，包括摩擦棒(P)及新型皮圈架(AC)(上销)两部分。皮圈钳口(AC)(上销)与前罗拉钳口的位置为 2～3 mm(每档为 0.25 mm)，改进了皮圈架前端边缘的位置及可优化摩擦力控制棒(P)的位置。优选摩擦棒的前后位置可更好地控制浮游区纤维的定向性，使纺纱质量进一步提高。

表 1　在紧密纺环锭细纱机上用与不用 ACP 纺纱质量的对比(例)

纺纱厂	纱支(tex)/英支(s)	纺纱技术	*CV*%	IPI	IPI(光电)	纱疵分级	单纱强力(cN)
A	17.5/34	EliTE 紧密纺	12.66	94	737	1322	18.96
A	17.5/34	EliTE+ACP	11.00	52	307	909	19.6
B	14.5/40	EliTE 紧密纺	12.25	78	457	—	22.3
B	14.5/40	EliTE+ACP	11.15	50	264	—	23.56
C	14.5/40	EliTE 紧密纺	11.62	40	296	—	23.53
C	14.5/40	EliTE+ACP	10.50	30	148	—	24.31

表 1 表明，带有摩擦棒 ACP 的紧密纺纱的各项质量指标都比没有摩擦棒 ACP 的紧密纺纱的各项质量指标好，说明摩擦棒对控制浮游纤维的作用是有效的。但 ACP 只控制摩擦棒的进出位置，并不能控制摩擦棒的高低位置。

(2) 摩擦棒在浮游区高低位置的确定很重要，正确的摩擦棒高低位置可消除摩擦棒对浮游区纤维快速运动的负面作用。不正确的摩擦棒高低位置会导致纤维束边缘的纤维被阻止不动的现象。因此，最好是把摩擦棒置于纤维的上面，既控制了纤维的运动，又不会产生阻碍纤维正常运动的负面作用。应根据纱支及品种确定摩擦棒的高低位置。

新型的 PINspacerNT 组合件能防止产生纤维束边缘的纤维被阻止不动的现象，可根据纺纱支数合理地选用 PINspacerNT 组合件。新研发的 PINspacerNT 组合件(图 3)共 5 种，它能避免上述现象产生，从而保证纺纱质量的稳定性，改进纺纱运行特性。

5. 结语

细纱牵伸前区是细纱机的主牵伸区，包括皮圈架(上销)及前上下罗拉。由于在两者之间有一定的无控制的浮游区，影响了纺纱质量的进一步提高。为此 SUESSEN 公司研发出在浮游区增加摩擦棒的技术，减小了浮游区的距离,增加了对浮游区快速纤维的控制摩擦力界,使纺纱质量有了进一步的提高。这项技术包括摩擦棒ACP及相应的PINspacer组合件,并在此基础上又进一步研制开发了PINspacerN组合件,使细纱主牵伸区的浮游纤维得到更好的控制,也使浮游区的快速纤维受到更完善的控制。因此,这项技术使细纱牵伸技术得到了新发展,使环锭细纱机的纺纱质量进一步得到提高。应该说PINspacerN组合件是环锭细纱机的重要纺纱器材。

参考文献

1. Norbert Brunk. Yarn Qualty Imoroved by ACP Qualty packag [J]. Suessen Spinnovention (24):9-14.
2. Norbert Brunk. ACP Quality Package Improves Yarn Values [J]. The Indian Textile Journal 2008 (10):126-128.
3. Survey2. Staple Yarn Spinning [J]. Text Asia, 2008(8):22-28.
4. STEFEN urmeter: NEW PINspacerNT [J] sussen Spinnovation, 2011(8) 17-18.
5. 秦贞俊 . 现代棉纺纺纱新技术[M]. 上海:东华大学出版社, 2008.
6. 秦贞俊. 世界棉纺织前沿技术[M]. 北京:中国纺织出版社 2010.

图书在版编目(CIP)数据

现代化棉纺织生产技术的发展/秦贞俊主编. —上海：东华大学出版社，2011.9

ISBN 978-7-81111-946-6 Ⅰ. ①现… Ⅱ. ①秦… Ⅲ. ①棉纺织-质量管理 Ⅳ. ①TS111.9

中国版本图书馆 CIP 数据核字(2011)第 197645 号

责任编辑 竺海娟

封面设计 李 博

现代化棉纺织生产技术的发展

秦贞俊 主编

东华大学出版社出版

上海市延安西路 1882 号

邮政编码：200051 电话：(021)62193065

电子邮箱：jiacjing. zhu@gmail. com

新华书店上海发行所发行 常熟大宏印刷有限公司

开本：787×1092 1/16 印张：9 字数：297 千字

2012 年 1 月第 1 版 2012 年 1 月第 1 次印刷

ISBN 978-7-81111-946-6/TS·289

定价：30.00 元